KB251712

하루한코의 뜨개 옷방

하루한코의 뜨개 옷방

—

2025년 12월 15일 1판 1쇄 인쇄
2025년 12월 25일 1판 1쇄 발행

—

지은이 문혜정(하루한코)
펴낸이 이상훈
펴낸곳 책밥
주소 11901 경기도 구리시 갈매중앙로 190 휴밸나인 A6001호
전화 번호 031) 529-6707
팩스 번호 031) 571-6702
홈페이지 www.bookisbab.co.kr
등록 2007.1.31. 제313-2007-126호.

—

기획 박미정
디자인 디자인허브
사진 조정은

—

ISBN 979-11-93049-76-1 (13590)
정가 22,000원

—

이 책은 저작권법에 따라 보호를 받는 저작물이므로 무단전재와 무단복제를 금합니다.
이 책 내용의 전부 또는 일부를 사용하려면 반드시 저작권자와 출판사에 동의를 받아야 합니다.
잘못 만들어진 책은 구입한 곳에서 교환해드립니다.

책밥은 (주)오렌지페이퍼의 출판 브랜드입니다.

책밥

월 화 수 목 금 토 일

매 일 입 는

니 트 스 타 일 링 14

하루한코의 뜨개 옷방

문혜정(하루한코) 지음

Knit dressroom

머리말

어릴 적부터 손재주 많은 엄마 곁에서 어깨너머로 뜨개를 배웠습니다. 학창 시절에도 만들기를 좋아해서 뜨개방에 찾아가기도 했어요. 성인이 되어서는 코바늘 작품으로 다시 뜨개를 시작했는데, 이때는 코바늘 뜨개가 너무 어려웠어요. 어디가 '코'이고 어디에 '찔러 넣으라.'는 건지 도저히 모르겠더라고요. 코바늘과 긴 시간 열심히 씨름하고 나서야 원하는 모양을 만들 수 있었답니다.

코바늘 작품을 많이 만들고 나서 다시 대바늘 뜨개를 하게 되었고, 곧 의류를 뜨면서 궁금한 점이 많이 생겨 보그 수업을 듣게 되었어요. 생각지도 않게 지도원 과정까지 하게 되었는데, 사실이 과정이 제일 재미있는 수업이었어요. 제도와 편물 작업이 이어지면서 좀 더 확실하게 아는 경험이 되었죠. 이후 뜨개 작가로 여러 작업을 구상할 수 있는 배경이 된 것 같아요.

뜨개를 하는 가장 큰 이유는 기성품에서 구현할 수 없는 디자인과 색상을 찾기 위해서라고 생각합니다. 기성품은 조금씩 마음에 안 들거나 원하는 색상이 없을 때도 많았는데, 직접 뜨개 작업을 하면 원하는 색상과 디자인을 작품으로 구현할 수 있어서 좋았습니다. 미술 관련 전공이 아니어도 충분히 가능하고 오히려 수학적인 부분이 많아서 반갑기도 했어요. 또 나이에 구애받지 않고 언제 어디서든 할 수 있으니, 앞으로도 계속 작업할 수 있을 것이라 생각합니다.

코 잡는 것부터 모르는 과정을 하나하나 찾아보고 마주치고 싶지 않지만, 꼭 하게 되는 '푸르시오'까지, 이 모든 것이 뜨개의 한 과정이고 또한 필요한 과정이라고 생각해요. 틀려서 '푸르시오' 하는 건 정말 싫지만, 더 꼼꼼해질 수 있고 어려운 편물을 뜨고 나면 더 발전한 나를 발견하게 되고요. 그리고 누군가의 말처럼 건강해야 오래오래 뜨개를 할 수 있으니, 여러분도 손가락 운동, 허리 운동, 목 운동 꼭 하세요! 앞으로 우리 할머니 될 때까지 계속 뜨개 작업을 할 거니까요!

하루한코 문혜정 드림

차례

Part 1. 베이직&클래식 **민무늬 니트**

Part 2. 다채로운 패턴 **아란 무늬 니트**

Part 3. 컬러가 살아있는 **배색 니트**

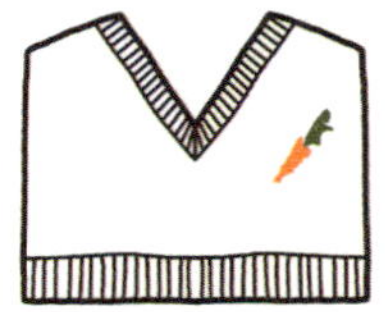

Carrot Vest 당근 베스트
42

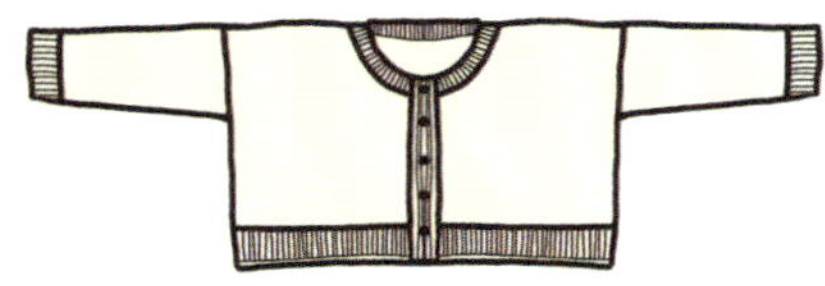

Coco Cardigan 코코 가디건
48

Ordinary V-neck 오디너리 브이넥
56

Moly vest 몰리베스트
66

Zick Zack pullover 직잭 풀오버
74

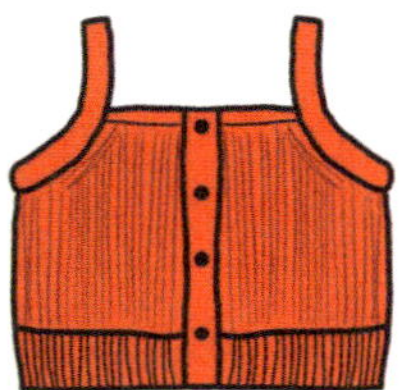

Comodo bustier 코모도 뷔스티에
84

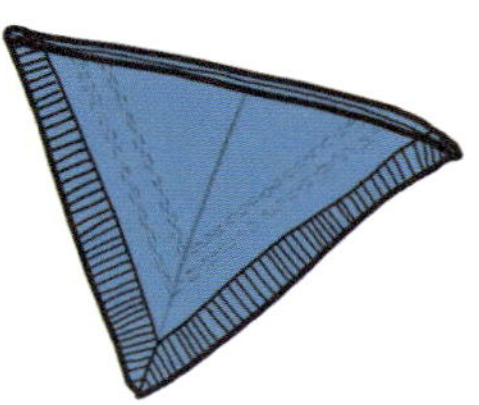

Anna shawl 안나 숄
92

Serena vest 세레나 베스트

98

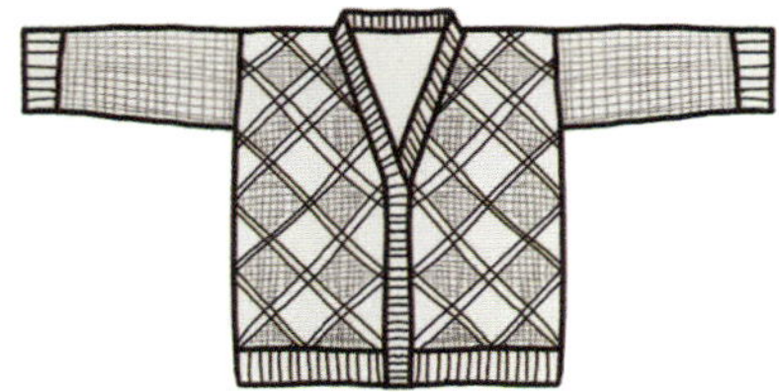

Punto Coat 푼토 코트

106

Gemma Pouch 젬마 파우치

116

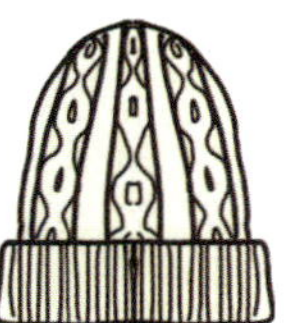

Honeycombhat 허니콤 햇

122

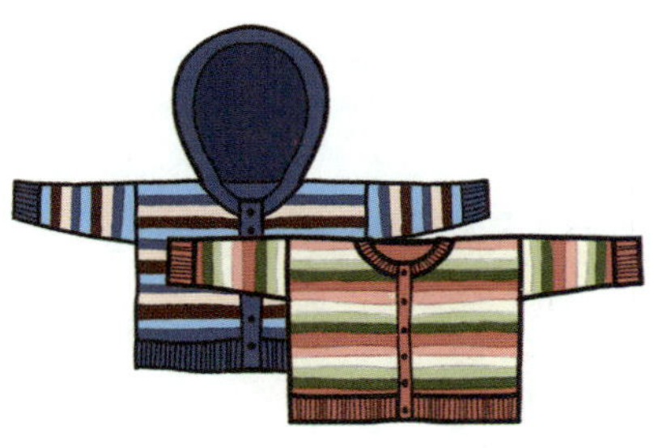

Mave Hoodie 메이브 후디

130

Aurora Cardigan 오로라 가디건

142

Hera bustier 헤라 뷔스티에

154

Yarn
실

뜨개는 실을 떠서 면을 만들기 때문에 어떤 실을 사용하는가에 따라 질감이 달라집니다. 간단하게나마 실과 그 특징에 대해 알아보겠습니다.

실 성분에 따라

울(순모) 사 : 양의 털에서 뽑아낸 실을 말합니다. 램스 울, 메리노 울, 노르딕 울 등 울 앞에 붙는 이름은 양의 품종이에요. 양이 사는 지역의 기후 특성에 따라 양털의 부드러움이나 강도가 다릅니다. 따듯한 호주의 메리노 울은 부드러운 것이 특징이고 북유럽의 노르딕 울은 추운 겨울을 견디기 위해 털이 억세고 길게 자랍니다. 노르딕 울로 뜬 편물은 공기층을 형성해 보온성이 좋습니다.

면(코튼) 사 : 목화에서 추출하는 식물성 섬유를 말합니다. 면은 보온성보다는 냄새를 억제하고 통기성이 좋습니다. 주로 봄, 여름 의류에 많이 사용되고, 울보다 강도가 높아 직물이 튼튼하다는 장점이 있습니다.

울/면 혼방사 : 울은 보온성이 좋지만, 그에 비해 강도가 낮은 편이라 세탁 및 보관에 강도를 올리기 위해 아크릴이나 나일론 등 인공섬유 혹은 면을 적절히 혼합해 실을 만듭니다. 혼합한 실의 장점을 더해 더 좋은 결과물을 얻을 수 있습니다.

인공섬유 : 과학의 발전으로 아크릴과 나일론만으로도 울 사와 비슷한 섬유를 만들 수 있게 되었습니다. 이것은 부드러움은 적지만, 강도가 높거나 특이성을 가지게 되어 의류나 소품에 포인트를 줄 수도 있고 수세미처럼 특별한 목적을 가지고 생산합니다.

Bliss
블리스
폴리에스테르 55%
나일론 30%
울 12%
캐시미어 3%

Winter garden
겨울정원
라쿤헤어 50% 울 30%
나일론 20%

Lana gold
라나골드
울 49%
아크릴 51%

Punto again
푼토어게인
아크릴 80%
폴리아미드 20%

I am Woool 4
아임울 4
메리노 울 100%

Maxi
맥시
울 25%, 아크릴 75%

Coconut
코코넛
코마드 코튼 100%

Hera Cotton
헤라코튼
코튼 100%

Lana gold_gradation
라나골드 그라데이션
울 49% 아크릴 51%

Gureumi
구르미
메리노 울 80%
베이비 알파카 20%

Harmony
어울림
메리노 울 60%
아크릴 40%

Tasoco
따소코
수퍼워시 울 100%

7easy
세븐이지
메리노 울 60%
아크릴 40%

실 굵기에 따라

구분법은 거의 비슷한데, 동양과 서양권에서 사용하는 단어에 차이가 있습니다. 국내에서 생산되는 실에는 거의 구분이 적혀 있지 않지만, 대부분은 권장하는 바늘 호수(mm)가 있습니다. 이에 따라 사용하면 됩니다.

ply는 실의 갈래(합수)를 뜻하는 단어입니다. 권장하는 바늘의 호수는 의무사항이 아니므로 참고용으로 사용합니다.

합수(ply)	영미권	유럽권(국내 사용)	대바늘 게이지	권장 대바늘	코바늘 게이지	권장 코바늘
8 ply	3: Light	DK, Light Worsted	21~24코	3.75~4.5mm	12~17코	4.5~5.5mm
5 ply	2: Fine	Light Weight, Sport, Baby	22~25코	2.75~3.75mm	16~20코	3.5~4.5mm
4 ply	1: Super Fine	Fingering, Sock, Baby	23~26코	2.5~3.5mm	21~32코	2.25~3.5mm
2~3 ply	0: Lace	Ultra Fine, Light, Fingering	27~32코	2.25~3.25mm	32~42코	1.5~2.25mm
15 ply 이상	7: Jumbo	Roving	6코 보다 적은	12.75mm 이상	6코보다 적은	15mm 이상
14 ply	6: Super Bulky	Super Chunky	6~11코	8.0~12.75mm	7~9코	9.0~15mm
12 ply	5: Bulky	Chunky, Craft, Rug	12~15코	5.5~8.0mm	8~11코	6.5~9.0mm
10 ply	4: Medium	Aran, Worsted, Afghan	16~20코	4.5~5.5mm	11~14코	5.5~6.5mm

이 책에서는 5~12 ply의 다양한 두께의 실을 사용하였습니다.

두꺼운 실을 사용하면 편물이 빨리 자라지만, 두께감이 생깁니다. 반면 Lace~Fine 같이 얇은 실은 양말이나 캐시미어 니트처럼 얇은 편물을 떠낼 수 있지만, 코 수나 단 수가 많이 필요합니다.

저는 대체로 8~10 ply 정도의 실을 즐겨 사용합니다. 아임울2/4, 세븐이지 정도의 실 두께로 의류나 모자, 목도리에 쓰기 부담스럽지 않습니다.

①
②
③
⑤
④
⑥
⑦
⑧
5/0 3.00mm Tulip
クロバー 7/0 4.0mm
Wiggle Wiggle

Knitting Tool
도구

다음은 뜨개를 위한 기본적인 준비물입니다.

❶ 대바늘

대나무, 호두나무, 단풍나무 등 나무 소재와 스틸 소재의 바늘을 많이 사용합니다. 스틸 소재의 바늘은 실을 더 쉽게 미끄러지게 해 편물에 영향을 주기도 합니다. 초보자에게는 대나무 바늘을 추천합니다. 막바늘이라고 하는 가장 저렴한 대나무 바늘은 진입장벽이 낮아 뜨개에 입문할 때 주로 사용하는데 저는 지금도 많이 사용하는 바늘 중 하나입니다.

줄 바늘은 조립식 바늘과 일체형 바늘로 나뉘는데, 처음부터 세트를 구입하기 보다는 가장 자주 사용하는 바늘 호수의 팁(바늘 부분)만 구입해 최애 바늘을 찾아보는 것이 좋습니다.

왼쪽 사진은 니트프로의 ① 진저 클래식, ② 랜턴문, ③ 마인드풀. 일체형 바늘은 ④ 아디 클래식, ⑤ 아디 레이스입니다.

❷ 코바늘

코바늘의 바늘은 모두 스틸 소재이고 손잡이는 실리콘 혹은 플라스틱 소재입니다. 플라스틱은 가벼워서 오랜 시간 뜨개를 하기에 부담이 적은 편입니다.

같은 튤립 사의 바늘이지만, 손잡이 색상에 따라 라인이 나뉘는데, 이 부분도 약간의 차이가 있습니다. 최근에 출시된 레드 버전이 조금 더 부드러운 느낌입니다.

크로바의 아뮤레는 바늘의 팁 부분이 다른 바늘에 비해 더 얇은 편이라 편물에도 약간 영향을 줍니다. 손잡이에 굴곡이 있어 펜 그립(잡는 방식)에 더 알맞아 부담이 적습니다.

왼쪽 사진 중간부터 ⑥ 튤립의 그레이, ⑦ 크로바의 펜e, ⑧ 크로바의 아뮤레입니다.

❸ 줄자/게이지 자

게이지 자는 정사각형의 프레임 형태로 이루어진 자로 10×10cm의 게이지를 측정하기 수월하도록 만들어졌습니다. 하지만, 이는 필수 도구가 아니기 때문에 저는 구비하지 않고 일반 줄자나 자로 측정합니다. 편물의 길이를 확인하기 위해 줄자를 많이 사용합니다.

❹ 단수 링(마커)

일부분이 열리는 클립 형태와 막혀있는 링 형태가 있으며 링 형태 단수 링은 대바늘 뜨개에서 바늘에 걸어 사용합니다. 클립 형태의 단수 링은 편물에 직접 걸어 단 수나 코 수를 표시합니다.

❺ 돗바늘

일반 재봉실과 다르게 뜨개실은 두께가 있어 바늘귀가 크고 넓은 바늘을 필요로 합니다. 이에 적당한 돗바늘은 주로 편물을 연결하거나 실을 자르고 마무리할 때 사용합니다. 두께가 여러 가지 있으니 사용한 실 두께에 맞게 사용합니다.

❻ 가위, 바늘 마개, 도구 통

실을 자르거나 편물을 자를 때 사용합니다. 바늘 마개는 대바늘의 끝부분을 막아두는 용도로, 뜨개를 하다가 잠시 쉴 때 편물이 풀리지 않게 도와줍니다. 도구 통은 약통으로 나오는 제품을 많이 사용하는데 칸이 적고 여러 개로 나누어져 있어 작은 뜨개 용품을 넣어두기 좋습니다.

Abbreviation 1
용어 설명 1

겉	겉뜨기
안	안뜨기
왼 코 늘림, M1L / M1LP (make 1 stitch left)	왼쪽 사이 실을 끌어올려 1코 늘립니다.
오른 코 늘림, M1R / M1RP (make 1 stitch right)	오른쪽 사이 실을 끌어올려 1코 늘립니다.
RLI (right left increase)	오른쪽 2단 아래 코를 끌어올려 1코 늘립니다(33쪽).
LLI (left left increase)	왼쪽 아랫단 코를 끌어올려 1코 늘립니다(33쪽).
왼 2코 모아뜨기(K2tog)	왼 바늘의 2코를 한번에 뜹니다(33쪽).
오른 2코 모아뜨기(Ssk)	2코를 차례대로 걸러 뜬 후 다시 왼 바늘로 한번에 옮겨 겉뜨기
독일식 경사뜨기(German short row)	경사뜨기의 한 기법입니다(38쪽).
더블스티치(Ds)	독일식 경사뜨기에서 되돌아 가기 위해 만드는 코입니다.
주디스 매직 CO	코잡기 방법 중 하나로 탄성있는 고무단뜨기를 시작할 수 있습니다.
1코 고무뜨기 돗바늘 마무리	고무단뜨기를 탄성있게 마무리하는 방법으로 목둘레나 소맷부리에 사용합니다(39쪽).
양면 코줍기	넥밴드, 버튼밴드 등 더블 니팅이 필요한 부분에서 겉/안면에 동시에 코 줍는 기법입니다.
메리야스 잇기	편물을 연결하는 방법으로 세로잇기는 몸판의 앞뒤를 연결 할 때에 주로 사용합니다(37쪽).
Yo 바늘 비우기	실을 오른 바늘에 반시계방향으로 감습니다.
Tbl 꼬아뜨기	앞실이 아닌 뒷실에 뜹니다.

대바늘 뜨개 도안 기호

기호	이름
		겉뜨기
	안뜨기
	꼬아뜨기
	감아코
MR /<u>MR</u>	오른 1코 늘림(겉/안)
ML /<u>ML</u>	왼 1코 늘림(겉/안)
t	편물 뒤집기
	오른 2코, 왼 1코 교차무늬(1×2) → 왼 1코가 안뜨기
	왼 2코, 오른 1코 교차무늬(2×1) → 오른 1코가 안뜨기
	오른 2코 교차무늬(2×2)
	왼 2코 교차무늬 (2×2)
	왼 3코 교차무늬 (3×3)
	오른 3코, 왼 1코 교차무늬(1×3) →왼 1코가 안뜨기
	왼 3코, 오른 1코 교차무늬(3×1) →오른 1코가 안뜨기

코바늘 뜨개 도안 기호

기호	이름
	짧은뜨기
	사슬뜨기
	빼뜨기
	긴뜨기
	한길긴뜨기
	한길긴뜨기 3코 모아뜨기 (=팝콘뜨기)

Abbreviation 2
용어 설명 2

코 늘림과 코 줄임

ML1 (Make Left 1 stitch)

 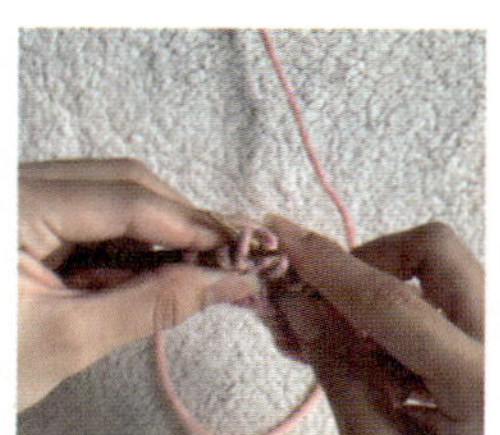 

1. 왼 바늘로 코와 코 사이의 가로 실을 앞에서 뒤로 걸어 끌어올립니다.

2. 오른 바늘을 뒷실에 찔러 넣어 겉뜨기합니다.

3. 이렇게 코의 왼쪽으로 1코 늘어납니다.

MR1 (Make Right 1 stitch)

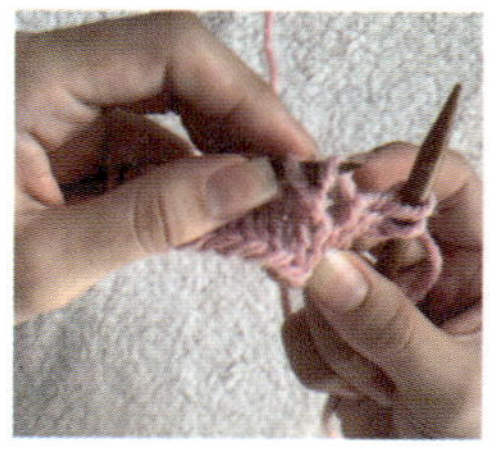  

1. 왼 바늘로 코와 코 사이의 가로 실을 뒤에서 앞으로 끌어올립니다.

2. 끌어올린 코의 앞 실에 바늘을 찔러 넣어 겉뜨기합니다.

3. 이렇게 코의 오른쪽으로 1코 늘어납니다.

RLI(Right Lift Increse)

 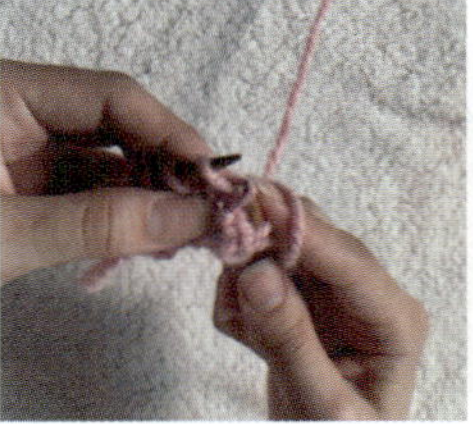 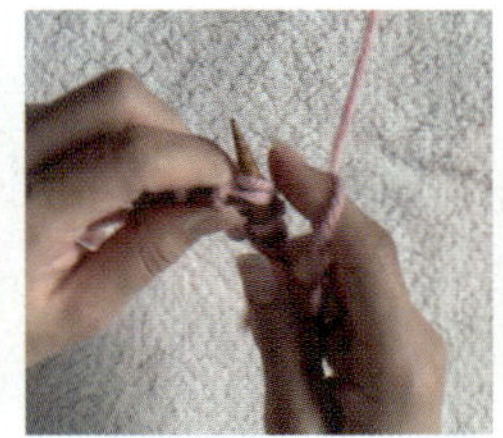 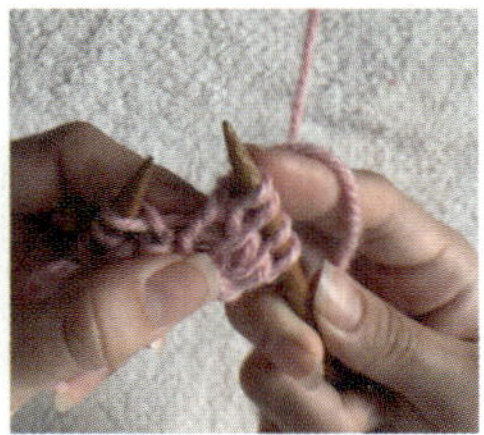

1. 왼 바늘에 걸려 있는 코 아래에 있는 코를 끌어 올려 코를 뜨는데,

2. 사진과 같이 뒤편의 가로 실을 오른 바늘로 찔러 넣습니다.

3. 겉뜨기합니다.

4. 코가 오른쪽으로 분열된 모양으로 변경됩니다.

LLI(Left Lift Increse)

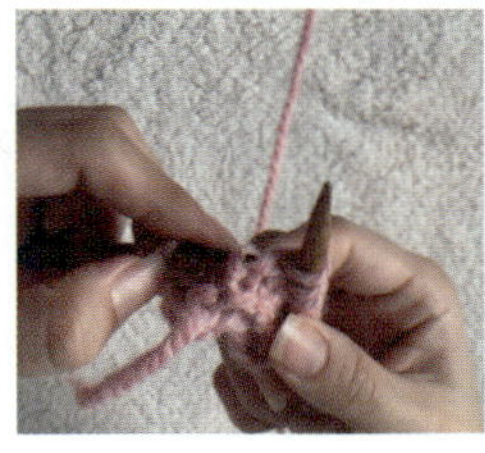 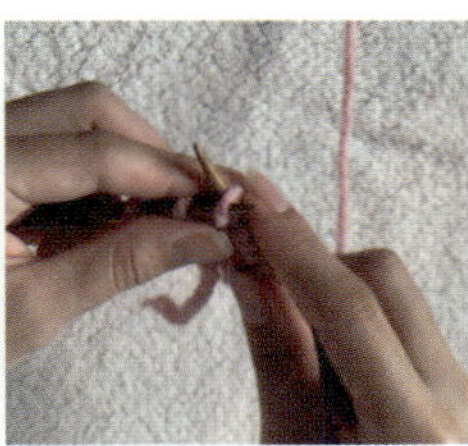 

1. 오른 바늘에 걸린 코 두 번째 아래에 있는 코의 실을 왼 바늘로 뒤에서 찔러 끌어올린 후

2. 오른 바늘로 겉뜨기합니다.

3. 코가 왼쪽으로 분열된 모양으로 변경됩니다.

K2tog(왼 2코 모아뜨기, Knit 2 sts together)

 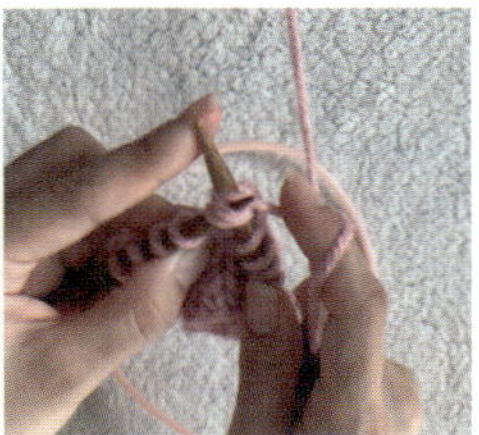

1. 왼 바늘로 2코를 한번에 겉뜨기 방향으로 찔러 넣습니다.

2. 겉뜨기합니다.

3. 코에 왼쪽 사선이 생깁니다.

SSK(오른 2코 모아뜨기, Slip Slip K2tog)

1. 왼 바늘 코를 겉뜨기 방향으로 걸러뜨기 2회 합니다.

2. 왼 바늘을 걸러 뜬 2코를 X자로 교차 되게 찔러 넣어

3. 한번에 겉뜨기합니다.

4. 코에 오른쪽 사선이 생깁니다.

중심 3코 모아뜨기

  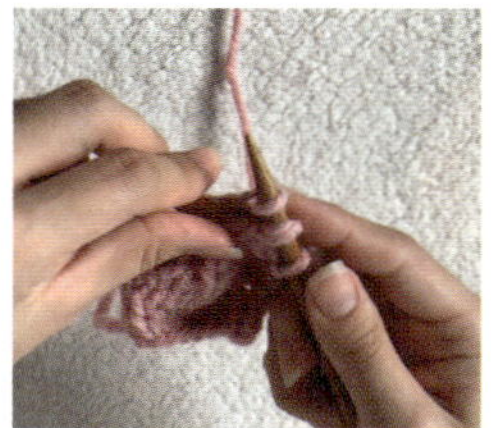 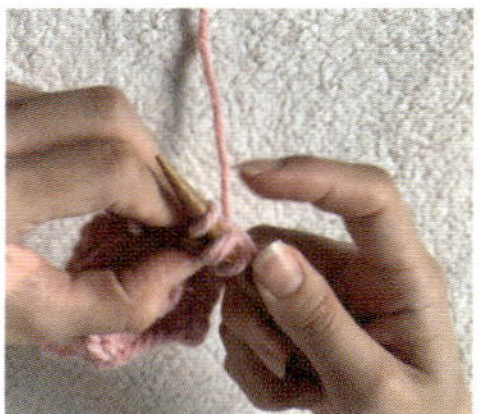

1. 왼 바늘로 2코를 한번에 겉뜨기 방향으로 걸러뜨기합니다.

2. 다음 코를 겉뜨기합니다.

3. 걸러뜬 2코를 한번에 방금 뜬 겉코에 씌우기합니다.

4. 이렇게 가운데를 중심으로 좌우 사선으로 코가 없어집니다.

SKPO(오른 3코 모아뜨기, Slip 1 stitch k2tog pull over)

  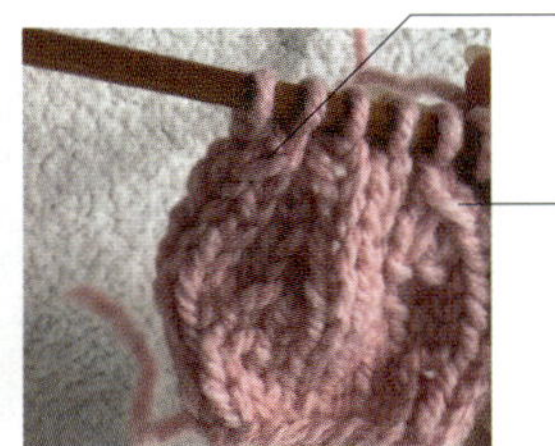

1. 첫 코를 겉뜨기 방향으로 걸러뜨기 한 후

2. 2, 3번째 코를 왼 2코 모아뜨기(k2tog)합니다.

3. 걸러 뜬 코를, 모아 뜬 코에 엎어 씌웁니다.

K3TOG(왼3코 모아뜨기, Knit 3stitchs together)

 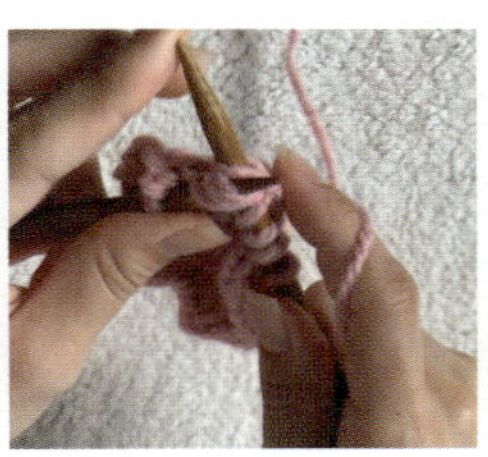 

1. 왼 바늘의 3코를 한번에 찔러 넣어

2. 겉뜨기합니다.

3. 이렇게 모아뜨기해 2코가 감소했습니다.

양면 코줍기

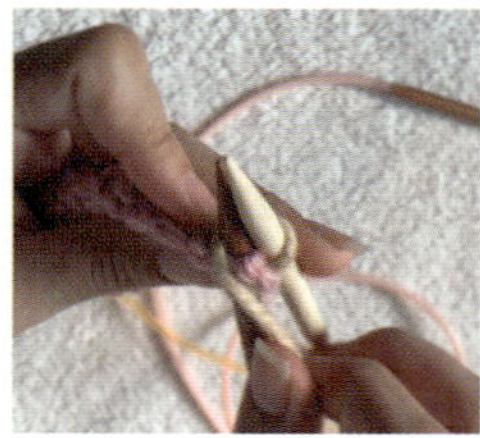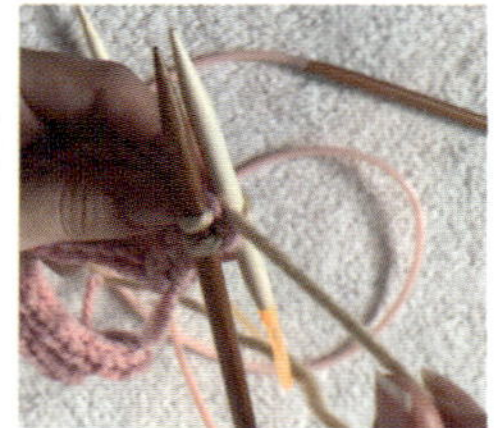

1. 같은 호수의 바늘이 2개 필요합니다. 먼저 기존의 코 줍는 방법으로 첫코를 줍고 다음 코를 위한 자리에 바늘을 찔러 넣고

2. 편물의 안쪽에 바늘을 두고 기존 바늘(겉 바늘)로 코를 주으면 안쪽 바늘에 반시계 방향으로 실이 감깁니다.

3. 계속해서 겉 바늘로 코를 줍고 안쪽 바늘에 반시계 방향으로 실이 감기도록 합니다.

4. 안쪽 바늘 코 수가 하나 적게 만들어지기 때문에 마지막 코는 안쪽 바늘에 감아코로 만듭니다. 이후 도안의 지시사항에 따라 진행합니다.

1. 바느질할 오른쪽 편물 가장 왼쪽 밑부분(코를 잡은 부분)에 뒤에서 앞으로 바느질, 왼쪽 편물 도 가장 오른쪽 부분의 코 잡은 부분에 뒤에서 앞으로 바느질

2. 이렇게 오른쪽, 왼쪽 편물에 실이 걸립니다.

3. 다시 오른쪽 편물의 실이 나오는 곳에 바늘을 찔러 넣어 수직으로 세우면 가로 실이 걸리는 데 이것이 한 단입니다.

4. 왼쪽 편물에서도 실이 나오는 곳에 바늘을 찔러 넣어 한 단을 바느질합니다.

   3~4번을 반복해 편물을 이어줍니다.

5. 이렇게 실이 여러 가닥 걸립니다.

6. 한번에 실을 당기면 편물이 자연스레 연결됩니다. 다만 다시 바늘을 찔러 넣을 위치 찾기가 어려워질 수 있으니 이전 바느질을 찾은 후 다시 진행합니다.

7. 바느질이 끝난 편물의 안쪽 모습입니다. 같은 색 실로 진행하면 편물을 이은 흔적이 전혀 남 지 않게 됩니다.

경사뜨기

독일식 경사뜨기의 Ds(Double Stitch)

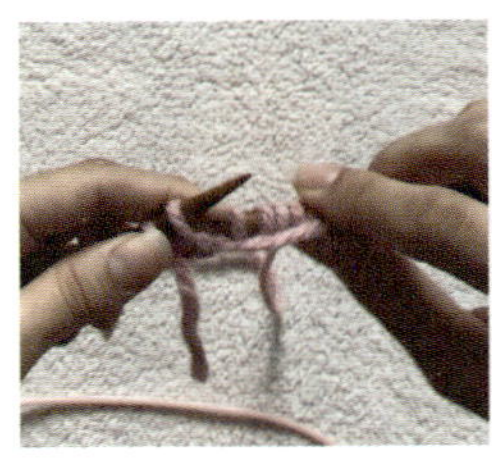

1. 코 모양(겉/안)에 관계없이 실을 안쪽에 두고 코를 걸러뜹니다.

2. 오른 바늘로 넘긴 코는 실을 세게 당겨 바늘 위로 타고 넘어가도록 합니다. 다음 도안의 지시 사항대로 뜹니다.

3. ds코의 모양 두 가닥으로 되어 있지만 1코로 보고 겉뜨기 또는 안뜨기합니다. 이렇게 작업하면 경사뜨기하며 되돌아간 구간의 경계에 구멍이 생기지 않습니다.

코잡기와 코 마무리

주디스 매직 CO(Judy's Magic Cast On)

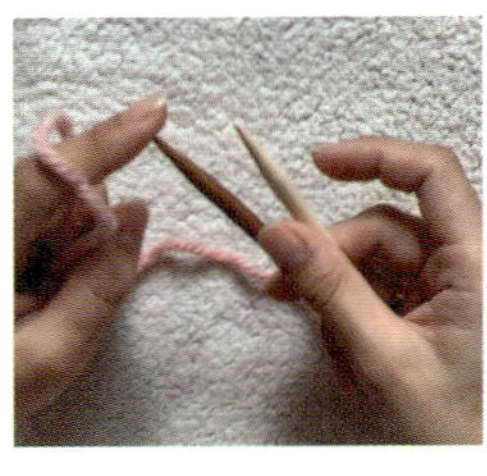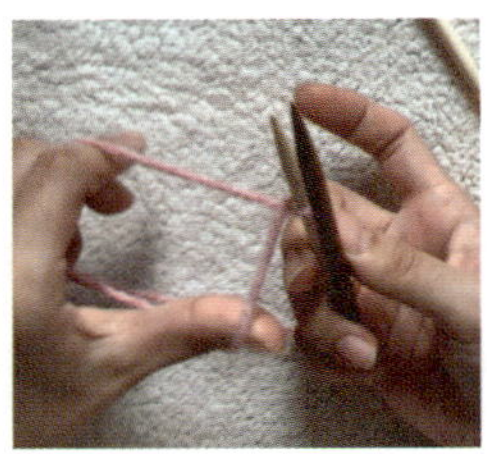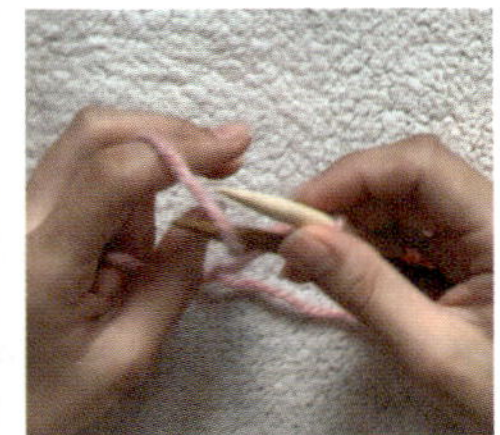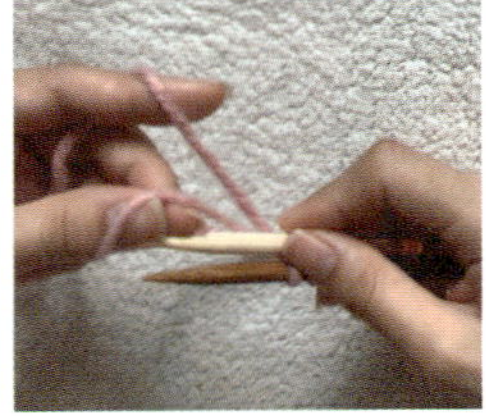

1. 코잡기를 하기 위해 같은 호수의 바늘 2개를 나란히 잡고 실은 여유 실을 두고 왼손에 잡습니다. 이때 오른손 엄지 바늘을 1번 바늘, 검지 바늘을 2번이라고 지정하겠습니다.

2. 오른손 검지 방향의 바늘(2번 바늘)에 왼손 엄지 실이 위로 올라오도록 꼬아 걸어둡니다.

3. 왼손 검지 실에 1번 바늘로 반시계 방향으로 감기도록 합니다.

4. 왼손 엄지 실에 2번 바늘로 시계방향으로 감기도록 합니다.

3~4번을 반복해 원하는 수만큼 코를 잡습니다. 두 바늘에 같은 수가 걸리도록 합니다.

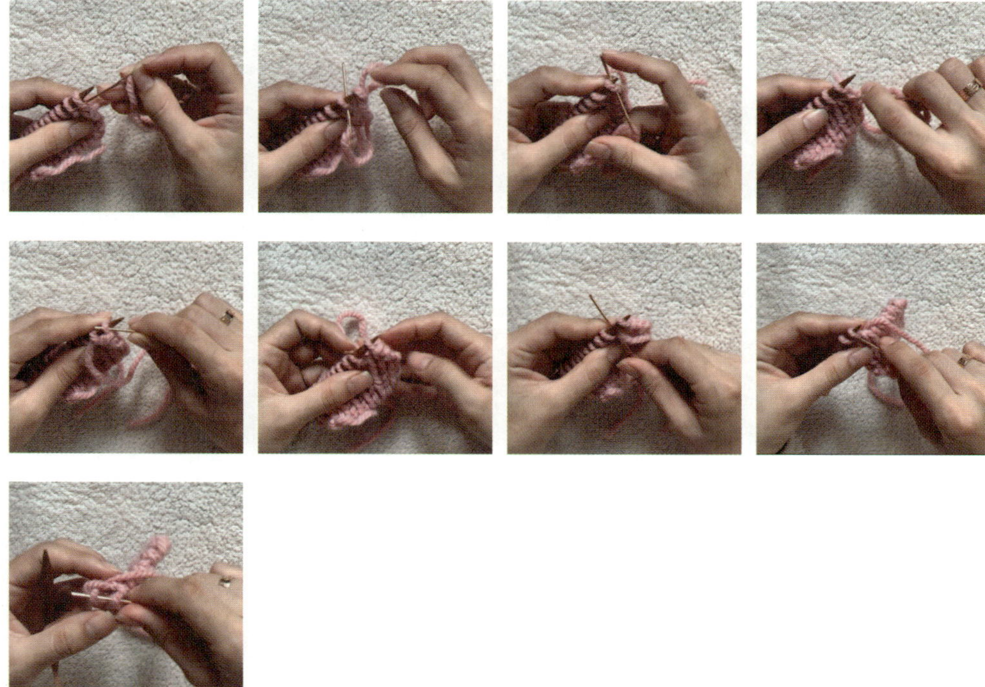

1. 고무단 너비의 2~3배 여유 실을 자르고, 첫 코(겉뜨기)에 안뜨기 방향으로 바느질합니다.

2. 두번째 코(안뜨기) 앞에서 뒤로 바느질합니다.

3. 첫 코(겉뜨기)를 겉뜨기 방향으로 바늘을 찔러 넣어 대바늘에서 뺍니다.

4. 다음 겉뜨기 코에 안뜨기 방향으로 바느질합니다.

5. 안뜨기 코에 안뜨기 방향으로 바느질해 대바늘에서 뺍니다.

6. 돗바늘을 왼 바늘의 첫코와 두 번째 코 사이로 뒤에서 앞으로 통과시킵니다. 이때 코에는 바늘이 걸리지 않습니다.

7. 안뜨기 코(남은 바늘의 두 번째 코)에 앞에서 뒤로 바느질합니다.

   3~7번을 왼바늘에 2코 남을 때까지 반복합니다.

8. 겉뜨기, 안뜨기 순으로 2코가 남습니다. 이 2코는 이미 돗바늘이 한 번씩 통과한 상태입니다. 겉뜨기 코에 겉뜨기 방향으로 찔러 넣어 대바늘에서 빼고,

9. 남은 안뜨기 코에 안뜨기 방향으로 바느질합니다. 남은 실은 편물에 숨겨 정리합니다.

k

n

Everyday Knit Styling

Everyday Knit Styling

i

Everyday Knit Styling

Everyday Knit Styling

t

Part 1

베이직&클래식
민무늬 니트

Carrot Vest 당근 베스트

Coco Cardigan 코코 가디건

Ordinary V-neck 오디너리 브이넥

Carrot Vest

당근 베스트

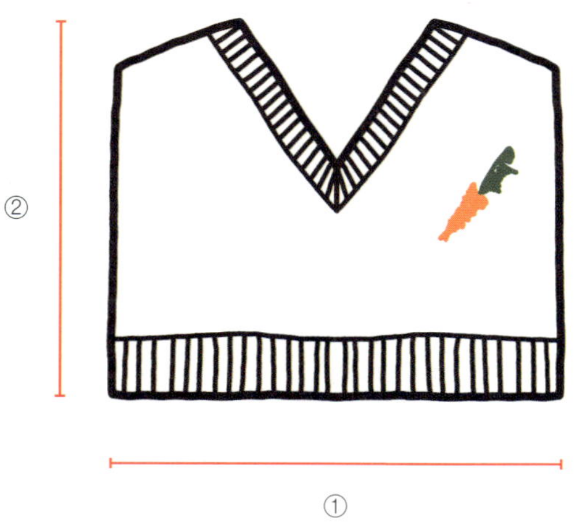

사이즈	① 가로 단면	② 전체 길이
one size	59	42

당근 베스트는 간단하게 완성할 수 있는 오버 핏 베스트입니다. 밋밋해 보일 수 있는 편물에 와펜이 포인트가 되는 V넥 베스트로, 두툼한 바늘로 한 단 한 단 떠내면 금세 완성할 수 있을 거예요! 전형적인 바텀업이나 탑다운이 아닌 뒤판에서 앞판을 연결해 뜨는 방식으로 완성합니다.

사이즈	one size
사용실	알리제 맥시(100g/100m) 280g/280m
사용 바늘	8.0mm, 7.0mm
게이지(10×10cm)	9.5코, 15단(8.0mm, 메리야스 뜨기)
난이도	★

Back

1단   8.0mm 바늘, 손에 걸어 68코 코잡기

2단(안면)   (안, 겉)을 2코 남을 때까지 반복, 안 2

3단(겉면)   겉 2, (안, 겉)을 끝까지 반복합니다.

2~3단을 반복해 8단까지 뜹니다. 다음 단은 겉면입니다.

9단(겉면)   전체 겉뜨기

10단(안면)   전체 안뜨기

9~10단을 반복해 60단(34cm)까지 뜹니다. 이렇게 뒤판이 완성되었습니다.

어깨(22코)와 뒷목(24코)를 나누어 뒷목은 쉼코로 두고 실이 연결되어 있는 어깨에서 앞판으로 진행합니다.

좌우의 22코는 각각 다른 바늘에 옮긴 뒤, 가운데 24코는 버림실이나, 여분의 케이블에 옮겨 쉼코로 둡니다.

Front

이어서 실이 연결되어 있는 뒤판의 오른쪽 어깨부터 뜹니다.

1단(겉면)   겉 22

2단(안면)   안 22

1~2단을 2회 더 반복합니다(3~6단, 총 4단).

7단(겉면)   겉 21, M1L, 겉 1

8단(안면)   안 23

7~8단을 11회 더 반복합니다(총 12회, 12코 증가, 총 34코). 실은 자르지 않고 쉼코로 둡니다.

왼쪽 어깨에 새 실을 이어 시작합니다.

1단(겉면)   겉 22

2단(안면)   안 22

1~2단을 2회 더 반복합니다(3~6단, 총 4단).

| **7단(겉면)** | 겉 1, M1R, 겉 21 |
| **8단(안면)** | 안 23 |

7~8단을 11회 더 반복합니다(총 12회, 12코 증가, 총 34코). 실을 자르고 오른쪽 앞판에 연결된 실을 앞판에 연결합니다.

31단(겉면, 연결) 오른쪽 앞판의 겉 34, 이어서 왼쪽 앞판의 겉 34.

앞판의 좌우가 연결되었습니다. 이 부분 좌우에 마커를 걸어둡니다. 이것은 뒤판과 연결하는 지점입니다.

| **32단(안면)** | 안 68 |
| **33단(겉면)** | 겉 68 |

32~33단을 반복해 54단까지 뜹니다. 다음 단은 겉면입니다.

| **55단(겉면)** | 겉 2, (안, 겉) 끝까지 반복합니다. |
| **56단(안면)** | (안, 겉) 2코 남을때까지 반복합니다. 안 2 |

55~56단을 3회 더 반복합니다(총 4회, 8단).

겉면에서 고무뜨기하며 엎어코마무리합니다. 실은 50cm 정도 남겨 자릅니다.

Armhole

앞에서 마무리하며 잘라둔 실로 옆선을 세로잇기해 연결합니다(37쪽 참조). 마커로 표시한 곳까지 바느질해 마무리합니다. 반대편 옆선도 동일하게 바느질합니다.

Neck band

그림을 참조해 7.0mm 바늘로 오른쪽 어깨에 실을 이어 코를 주워줍니다.

왼쪽 앞판에서 1단을 제외하고 모든 단에서 코줍기(29코), 몸판 가운데에서 M1R로 1코 줍기 (이 코에 마커를 걸어 표시합니다), 오른쪽 앞판에서 모든 단에서 코줍기(30코), 쉼코로 둔 뒷목 24코 모두 겉뜨기, 총 84코. 계속해서 원통형으로 진행합니다.

왼쪽 앞판에서 1단을 제외하고 모든 단에서 코줍기(29코), 몸판 가운데에서 M1R로 1코 줍기 (이 코에 마커를 걸어 표시합니다), 오른쪽 앞판의 모든 단에서 코줍기(30코), 쉼코로 둔 뒷목 24코 모두 겉뜨기, 총 84코. 계속해서 원통형으로 진행합니다.

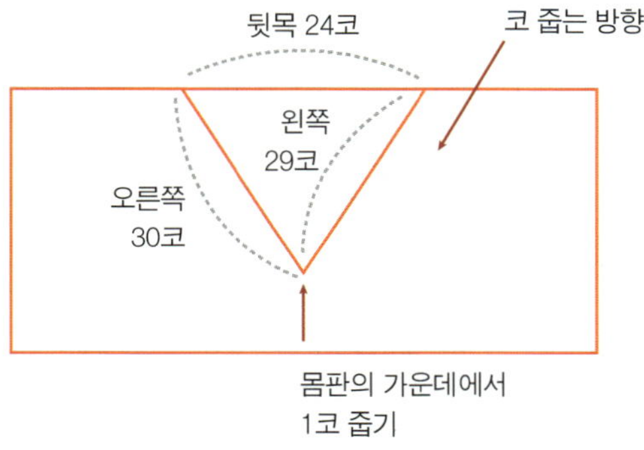

2단   시작 마커(sm), (안, 겉)을 끝까지 반복합니다.

3단   sm, (안, 겉)×14, 중심 3코 모아뜨기(다시 마커로 표시), 겉 1, (안, 겉)을 끝까지 반복합니다.

4단   sm, 바늘에 걸린 무늬에 맞춰 고무뜨기합니다. 이때, 중간 마커는 무늬 진행에 맞추지 않고 떠있는 무늬를 맞춰 뜹니다.

5단   sm, (안, 겉)×12, 안 1, 중심 3코 모아뜨기, (안, 겉) 끝까지 반복합니다.

6단   4단과 동일

실을 목둘레의 3배 길이로 자른 뒤 돗바늘 마무리

와펜은 편물의 왼쪽 가슴에 다림질해 붙입니다. 다림질은 편물 안쪽에서 합니다. 이때 압력을 너무 세게 가하면 편물에 다리미 자국이 남을 수 있으니 약한 열기를 여러 차례로 나누어 다림질합니다.

Coco Cardigan

코코 가디건

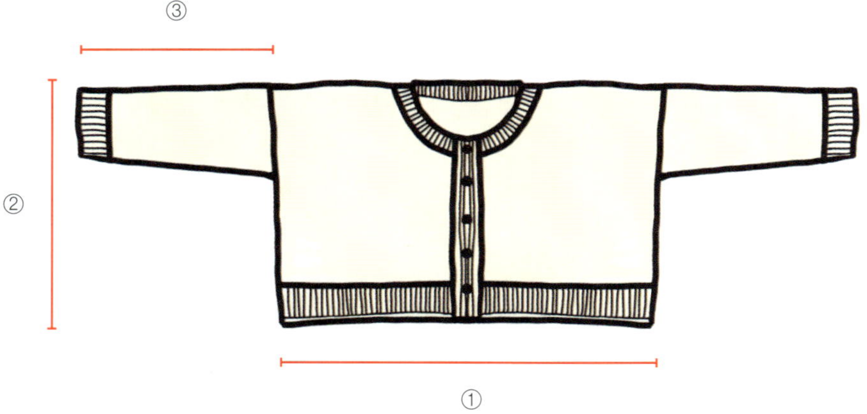

사이즈	① 가로 단면	② 전체 길이	③ 소매 길이
1	56	49	41
2	62	52	37
3	68	54	36

기본 가디건 디자인을 탑다운 드롭숄더와 오버 핏으로 디자인했습니다. 슬라브 실의 매력을 잘 보여주는 메리야스뜨기로 진행합니다. 슬라브 실은 코마면이지만, 두께감이 약간 있어 간절기 편물에 더 잘 어울립니다. 여름에는 에어컨 아래에서 입을 수 있을 정도의 두께감이라서 다양하게 활용할 수 있어요. 초보자도 쉽게 뜰 수 있는 디자인이에요.

사이즈	1/2/3
사용 실	코코넛(50g/107m)
	355g/760m, 380g/813m, 410g/877m
사용 바늘	5.5mm, 5.0mm
게이지(10×10cm)	16코 26단(5.5mm, 메리야스 뜨기)
난이도	★★

Back

5.5mm바늘, 손에 걸어 30코 코잡기.

2단(안면)　　　전체 안뜨기, 감아코 4

3단(겉면)　　　전체 겉뜨기, 감아코 4

2~3단을 7/8/9회 더 반복합니다. 다음 단은 안면입니다.

다음 단(안면)　　전체 안뜨기, 94/102/110코

다음 단(겉면)　　전체 겉뜨기

위의 2단을 반복해 40단까지 뜹니다. 감아코 3코 만든 후 실을 잘라 쉼코로 둡니다.

Right front

뒤판의 오른쪽 어깨에서 감아코로 만들어진 코를 모두 줍습니다. 32/36/40코

2단(안면)　　　전체 안뜨기

3단(겉면)　　　전체 겉뜨기

2~3단을 반복해 20/22/24단까지 뜹니다. 다음 단은 겉면입니다.

늘림 1단(겉면)　2코 남을 때까지 겉, RLI, 겉 2

2단(안면)　　　전체 안뜨기

3단(겉면)　　　전체 겉뜨기

4단(안면)　　　전체 안뜨기

1~4단을 1회 더 반복합니다(5~8단, 1코 증가).

9단(겉면)　　　2코 남을 때까지 겉, RLI, 겉 2

10단(안면)　　　전체 안뜨기

9~10단을 1회 더 반복합니다(11~12단, 1코 증가).

13단(겉면)　　　2코 남을 때까지 겉, 바늘 비우기(yo), RLI, 겉 2

14단(안면)　　　안 3, 꼬아뜨기(안), 끝까지 안

13~14단을 2회 더 반복합니다(15~18단, 총 3회, 6코 증가).

19단(겉면)   끝까지 겉, 감아코 3, 총 45/49/53코

20단(안면)   전체 안뜨기

21단(겉면)   전체 겉뜨기

20~21단을 반복해 44단까지 뜹니다. 감아코 3코 만든 후 실을 잘라 쉼코로 둡니다.

Left front

뒤판의 왼쪽 어깨에서 감아코로 만들어진 코를 모두 줍습니다. 32/36/40코

2단(안면)   전체 안뜨기

3단(겉면)   전체 겉뜨기2~3단을 반복해 20/22/24단까지 뜹니다. 다음 단은 겉면입니다.

늘림 1단(겉면)   겉 2, LLI, 끝까지 겉뜨기

2단(안면)   전체 안뜨기

3단(겉면)   전체 겉뜨기

4단(안면)   전체 안뜨기

1~4단을 1회 더 반복합니다(5~8단, 1코 증가).

9단(겉면)   겉 2, LLI, 끝까지 겉뜨기

10단(안면)   전체 안뜨기

9~10단을 1회 더 반복합니다(11~12단, 1코 증가).

13단(겉면)   겉 2, LLI, 끝까지 겉뜨기

14단(안면)   3코 남을 때까지 안, M1RP, 안 3

13~14단을 2회 더 반복합니다(15~18단, 총 3회, 6코 증가).

19단(겉면)   전체 겉뜨기

20단(안면)   전체 안뜨기, 감아코 3. 총 45/49/53코

21단(겉면)   전체 겉뜨기

22단(안면)   전체 안뜨기

21~22단을 반복해 44단까지 뜹니다. 실을 자르지 않고 몸판을 연결합니다.

Body

왼쪽 앞판에 연결된 실로 진행합니다.

왼쪽 앞판 모두 겉뜨기, 뒤판의 감아코 3을 포함해 모두 겉뜨기, 오른쪽 앞판의 감아코 3을 포함해 모두 겉뜨기. 총 190/206/222코, 이렇게 몸판이 연결되었습니다.

다음단(안면)   전체 안뜨기

다음단(겉면)   전체 겉뜨기

위의 2단을 반복해 뒷목부터 45/48/50cm 혹은 원하는 길이로 뜹니다.

5.0mm 바늘, 코줄임 한 후 고무뜨기합니다.

1사이즈(190코)   겉 4, k2tog, (겉 8, k2tog)×18, 겉 4 ⇨ 171코

2사이즈(206코)   겉 5, k2tog, [(겉 10, k2tog)×7, 겉 11, k2tog]×2, 겉 5 ⇨ 189코

3사이즈(222코)   겉 6, k2tog, (겉 11, k2tog)×16, 겉 6 ⇨ 205코

2단(안면)   안, (꼬아뜨기(안), 겉)을 2코 남을 때까지 반복, 꼬아뜨기(안), 안

3단(겉면)   겉, (꼬아뜨기, 안)을 2코 남을 때까지 반복, 꼬아뜨기, 겉

2~3단을 반복해 10단(4cm)까지 뜹니다.

11단(겉면)   전체 겉뜨기

12단(안면)   전체 안뜨기

다음 겉면에서 전체 겉뜨기하며 엎어코막음합니다. 실을 자르지 않고 오른쪽 앞판 버튼밴드에 사용합니다(넥밴드 작업 먼저 한 후).

Neck band

5.0mm 바늘, 오른쪽 앞판에 실을 이어 시작합니다.

감아코에서 3코 줄기, 앞판 경사에서 3단마다 2코 줄기, 뒷목에서 6코마다 5코줄기, 왼쪽 앞판 경사에서 3단마다 2코 줄기, 감아코에서 3코 줄기. 총 83/85/87코 혹은 홀수라면 무관합니다.

2단(안면)   안, (꼬아뜨기(안), 겉) 2코 남을 때까지 반복, 꼬아뜨기(안), 안

3단(겉면)   겉, (꼬아뜨기, 안) 2코 남을 때까지 반복, 꼬아뜨기 겉 2~3단을 반복해 10단 (5cm/노멀) 혹은 18단(9cm/반 하이넥)까지 뜹니다. 다음 2단을 뜹니다.

더블니팅 1단(겉면)   겉, (꼬아뜨기, 실 앞에 두고 걸러뜨기) 2코 남을 때까지 반복, 꼬아뜨기, 겉

더블니팅 2단(안면)   안, (실 앞에 두고 꼬아 걸러뜨기, 겉) 2코 남을 때까지 반복, 실 앞에 두고 꼬
                    아 걸러뜨기, 안

목둘레의 2~3배 여유 실을 두고 실을 자르고, 돗바늘 마무리합니다.

Button band

4.5mm 바늘, 왼쪽 앞판 넥 밴드에서 밑단 방향으로 3단마다 2코줍기. 총 홀수가 되도록 줍습니
다. 다음 단은 안면입니다.

2단   겉, (안, 겉)을 끝까지 반복

2단을 반복해 9단까지 뜹니다. 다음 단은 안면입니다.

전체 겉뜨기하며 엎어코막음합니다(조금 느슨하게 코막음해 주세요).

4.5mm바늘, 오른쪽 앞판 밑단에서 넥 밴드 방향으로 2단마다 1코 줍기. Cable CO 8. 안면에서
시작합니다.

1단(안면)   안, (꼬아뜨기(안), 겉)×3, 실 앞에 두고 거르기(sl yf)×2

2단(겉면)   k2tog, (안, 꼬아뜨기)×3, 겉

1~2단을 8단까지 반복합니다.

단추구멍 1단(안면)   안, (꼬아뜨기(안), 겉)×3, sl yf×2

단추구멍 2단(겉면)   k2tog, 안, 꼬아-2코 모아뜨기, 바늘비우기, 꼬아뜨기, 안, 꼬아뜨기, 겉

다시 1~2단을 반복하여 15단(단추 6개)~21단(단추 5개) 정도 간격을 두고 단추 구멍을 만들고,
오른 바늘에 8코만 남으면 겉면에서 무늬뜨기하며 엎어코막음합니다.

Sleeve

5.5mm 바늘, 겨드랑이 감아코 중 가운데 코에 실을 이어 시작합니다.
감아코에서 2코줍기, 몸판에서 3단마다 2코줍기, 남은 감아코에서 1코줍기, 시작 마커(sm).
총 77/77/79코, 계속해서 원통형으로 진행합니다.

평단　　　　　　　　sm, 안 1, 끝까지 겉
평단을 6/8/10회 반복합니다.
줄임단　　　　　　　　sm, 안 1, 왼 2코 모아뜨기(k2tog), 2코 남을 때까지 겉, 오른 2코 모아뜨기
　　　　　　　　　　　　(ssk)

위의 [평단(6/8/10단)+줄임단]을 12/9/7회 반복 후 추가로 복숭아뼈 위치까지 평단 뜹니다.

5.0mm 바늘로 바꿔 코줄임한 후 고무단을 뜹니다.
1 사이즈(55코)　　　　(겉 6, k2tog)×6, 겉 5, k2tog ⇨ 48코
2 사이즈(61코)　　　　(겉 4, k2tog, 겉 3, k2tog)×5, 겉 4, k2tog ⇨ 50코
3 사이즈(65코)　　　　(겉 3, k2tog)×13 ⇨ 52코

1코 고무뜨기 단　　　sm, (꼬아뜨기, 안) 끝까지 반복
고무뜨기를 반복해 14단(6.5cm) 혹은 원하는 길이로 뜹니다.

더블니팅 1단(겉면)　　겉, (꼬아뜨기, 실 앞에 두고 걸러뜨기) 2코 남을 때까지 반복, 꼬아뜨기, 겉
더블니팅 2단(안면)　　안, (실 앞에 두고 꼬아 걸러뜨기, 겉) 2코 남을 때까지 반복, 실 앞에 두고 꼬
　　　　　　　　　　　　아 걸러뜨기, 안

손목 둘레의 2~3배 여유 실을 두고 실을 자른 후 돗바늘마무리합니다. 반대편 소매도 동일하게
뜹니다.

Ordinary V-neck

오디너리 브이넥

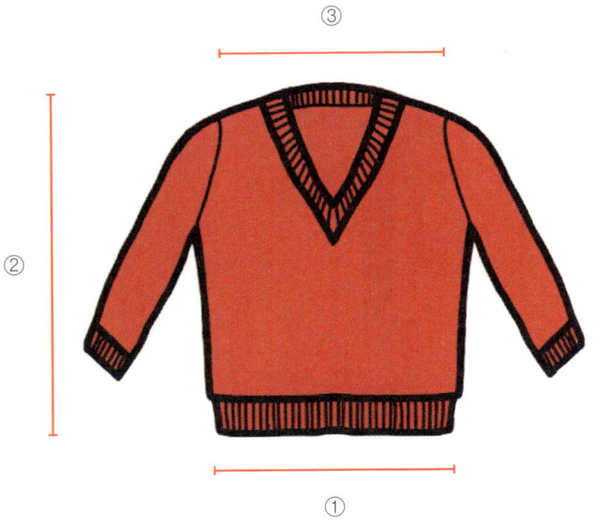

사이즈	① 가로 단면	② 전체 길이	③ 어깨 너비
1	47	58	38
2	50	59	41
3	54	61	44
4	56	62	46

가장 기본적인 스웨터 디자인입니다. 깊은 V 넥으로 디자인해서 이너를 매치할 수 있고, 커버 업으로도 입을 수 있습니다. 소매를 같이 뜨는 탑다운 셋인 슬리브 디자인으로 조금 어렵게 느껴질 수 있지만, 일반적인 바텀업이나 탑다운처럼 이후 바느질이나 소매 코를 따로 주워야 하는 작업 없이 진행할 수 있어요. 가슴둘레를 넉넉하게 디자인했으니 고려해서 사이즈를 선택하세요!

사이즈	1/2/3/4
사용 실	어울림(40g/424m) 3합 또는 어울림 2합, 모락 모헤어 (25g/252m) 1합 955m, 1005m, 1080m, 1110m
사용 바늘	4.5mm, 4.0mm
게이지(10×10cm)	22.5코 27단(4.5mm 바늘, 메리야스 뜨기)
난이도	★★★

Back

4.5mm 바늘, 손에 걸어 45/45/48/48코 잡기. 전체 안뜨기

1단(겉면)　　　겉 3, M1L, 3코 남을 때까지 겉, M1R, 겉 3

2단(안면)　　　안 3, M1RP, 3코 남을 때까지 안, M1LP, 안 3

1~2단을 총 10/12/13/14회 반복합니다(20/24/26/28단).

코 늘림이 끝나면 바늘에 85/93/100/104코 걸려 있습니다. 실을 자르고 쉼코로 둡니다.

Rright front

4.5mm 바늘, 뒤판의 오른쪽 경사에서 모든 코를 줍습니다. 21/25/27/29코, 감아코 1.

2단(안면)　　　전체 안뜨기

3단(겉면)　　　전체 겉뜨기

4단(안면)　　　전체 안뜨기

3~4단을 반복해 14/14/16/16단까지 뜹니다. 다음 단은 겉면입니다.

늘림 1단(겉면)　　3코 남을 때까지 겉, M1R, 겉 3

2단(안면)　　　전체 안뜨기

3단(겉면)　　　전체 겉뜨기

4단(안면)　　　전체 안뜨기

1~4단을 반복해 총 3회 뜹니다(12단, 3코 증가). 실을 자르고 쉼코로 둡니다. 총 25/29/31/33코

Left front

4.5mm 바늘, 뒤판의 오른쪽 경사에서 모든 코를 줍습니다. 21/25/27/29코

2단(안면)　　　전체 안뜨기, 감아코 1

3단(겉면)　　　전체 겉뜨기

4단(안면)　　　전체 안뜨기

3~4단을 반복해 14/14/16/16단까지 뜹니다. 다음 단은 겉면입니다.

늘림 1단(겉면)   겉 3, M1L, 끝까지 겉

2단(안면)   전체 안뜨기

3단(겉면)   전체 겉뜨기

4단(안면)   전체 안뜨기

1~4단을 반복해 총 3회 뜹니다(12단, 3코 증가). 총 25/29/31/33코. 실을 자르지 않고 계속해서
진행합니다.

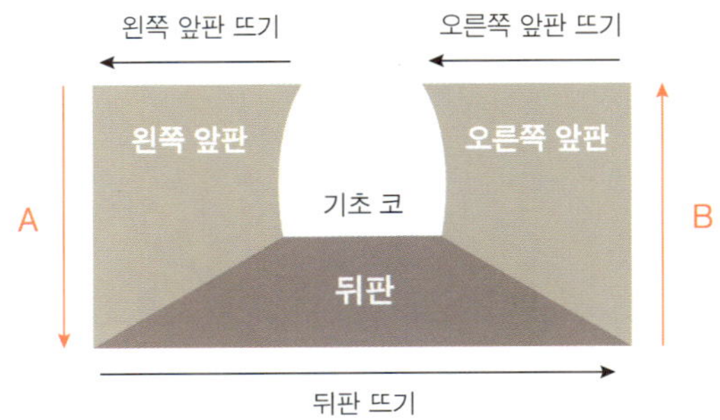

몸판 1단(겉면)   겉 3, M1L, 2코 남을 때까지 겉, 오른 2코 모아뜨기(ssk), 마커(m), 편물의
                 왼쪽(그림의 A)에서 6단마다 5코 줄기(21/21/23/23코), m, 쉼코로 둔
                 뒤판을 뜹니다. 왼 2코 모아뜨기(k2tog), 2코 남을 때까지 겉, ssk, m, 편
                 물의 오른쪽(그림의 B)에서 21/21/23/23코 줄기, m, 오른쪽 앞판을 뜹니다.
                 m, k2tog, 3코 남을 때까지 겉, M1R, 겉 3

2단(안면)   마커 넘기며 전체 안뜨기

소매까지 모든 코가 바늘에 걸려 있습니다. 총 175/191/206/214코

소매/넥 늘림하며 진행합니다.

3단(겉면/소매늘림)   (마커까지 겉, m, M1L, 마커까지 겉, M1R, m)×2, 끝까지 겉

4단(안면/소매늘림)   (마커까지 안, m, M1RP, 마커까지 안, M1LP, m)×2, 끝까지 안

5단(겉면/넥, 소매늘림)   겉 3, M1L, (마커까지 겉, m, M1L, 마커까지 겉, M1R, m)×2, 3코 남을 때
                         까지 겉, M1R, 겉 3

6단(안면/소매늘림)   4단과 동일

7단(겉면/소매늘림)   (마커까지 겉, m, M1L, 마커까지 겉, M1R, m)×2, 끝까지 겉

8단(안면/소매늘림)   (마커까지 안, m, M1RP, 마커까지 안, M1LP, m)×2, 끝까지 안

5~8단 1회 더 반복합니다(9~12단, 총 44코 증가). 총 219/235/250/258코

늘림 2set

1단(겉면/넥, 소매 늘림)	겉 3, M1L, (마커까지 겉, m, M1L, 마커까지 겉, M1R, m)×2, 3코 남을 때까지 겉, M1R, 겉 3
2단(안면)	마커 넘기며 전체 안뜨기
3단(겉면/소매 늘림)	(마커까지 겉, m, M1L, 마커까지 겉, M1R, m)×2, 끝까지 겉
4단(안면)	마커 넘기며 전체 안뜨기

1~4단을 3회 더 반복합니다(총 4회, 40코 증가). 총 259/275/290/298코

늘림 3set

1단(겉면/넥, 소매 늘림)	겉 3, M1L, (마커까지 겉, m, M1L, 마커까지 겉, M1R, m)×2, 3코 남을 때까지 겉, M1R, 겉 3
2단(안면)	마커 넘기며 전체 안뜨기
3단(겉면)	마커 넘기며 전체 겉뜨기
4단(안면)	마커 넘기며 전체 안뜨기

1~4단을 0/0/2/2회 더 반복합니다(총 1/1/3/3회, 6/6/18/18코 증가). 총 265/281/308/316코.

늘림 4set

1단(겉면/넥, 암홀, 소매 늘림)	(겉 3, M1L, 마커 3코 전까지 겉, M1R, 겉 3, m, M1L, 마커까지 겉, M1R, m)×2, 겉 3, M1L, 3코 남을 때까지 겉, M1R, 겉 3
2단(안면)	마커 넘기며 전체 안뜨기
3단(겉면/암홀, 소매 늘림)	마커 3코 전까지 겉, M1R, 겉 3, m, M1L, 마커까지 겉, M1R, m, 겉 3, M1L, 마커 3코 전까지 겉, M1R, 겉 3, m, M1L, 마커까지 겉, M1R, m, 겉 3, M1L, 끝까지 겉
4단(안면)	마커 넘기며 전체 안뜨기

1~4단을 2회 더 반복합니다(총 3회, 48코 증가). 총 313/329/356/364코

늘림 5set

1단(겉면/넥, 암홀, 소매 늘림)	(겉 3, M1L, 마커 3코 전까지 겉, M1R, 겉 3, m, M1L, 마커까지 겉, M1R, m)×2, 겉 3, M1L, 3코 남을 때까지 겉, M1R, 겉 3
2단(안면/암홀, 소매 늘림)	(마커 3코 전까지 안, M1LP, 안 3, m, M1RP, 마커까지 안, M1LP, m, 안 3, M1RP)×2, 끝까지 안

1~2단을 2회 더 반복합니다(총 3회, 48코 증가). 총 361/377/404/412코

소매나누기(겉면)   겉 3, M1L, (마커까지 겉, 마커 제거, 소매83/83/89/89코 옮겨두기, 감아코
                    5/5/7/7, 마커 제거)×2, 3코 남을 때까지 겉, M1R, 겉 3
다음단(안면)   끝까지 안
총 207/223/242/250코. 넥 라인 늘림을 진행합니다.

늘림 6set

1단(겉면/넥 늘림)   겉 3, M1L, 3코 남을 때까지 겉, M1R, 겉 3
2단(안면)   전체 안뜨기
1~2단을 1회 더 반복합니다. 다음 단은 겉면입니다.

다음 단(겉면)   겉 3, M1L, 3코 남을 때까지 겉, M1R, 겉 3, 감아코1, 계속해서 원통형으로 진
                    행합니다. 시작 마커(sm)는 왼쪽 암홀의 감아코 중 가운데 코에 걸어 둡니
                    다. 총 214/230/249/257코
뒤목에서부터 52/52/55/55cm 혹은 원하는 길이까지 뜹니다.

원하는 길이까지 뜬 후 4.0mm 바늘로 바꾸어 진행합니다.
1 사이즈(214코)   (겉 4, k2tog, 겉 3, k2tog)×14, (겉 4, k2tog)×10 ⇨ 176코
2 사이즈(230코)   (겉 3, k2tog)×46 ⇨ 184코
3 사이즈(249코)   [겉 4, k2tog, (겉 3, k2tog)×11]×4, 겉 3, k2tog ⇨ 200코
4 사이즈(257코)   [겉 3, k2tog, (겉 4, k2tog)×5]×6, 겉 3, k2tog, (겉 4, k2tog)×2 ⇨ 212코

2코 고무뜨기 단   sm, (겉 2, 안 2) 끝까지 반복
고무뜨기로 18단(6.5cm) 뜨고 2코 고무뜨기 뜨며 엎어코막음합니다. 실을 자르고 정리합니다.

Sleeve

겨드랑이 감아코에 실을 이어 시작합니다. 4.5mm 바늘, 감아코 중 3/3/4/4코 줍기, 옮겨둔 소
매(83/83/89/89코) 모두 겉뜨기, 남은 감아코에서 2/2/3/3코 줍기. 시작 마커(sm)
총 88/88/96/96코. 계속해서 원통형으로 진행합니다.

평단   sm, 안 1, 끝까지 겉뜨기
줄임단   sm, 안 1, 왼 2코 모아뜨기(k2tog), 2코 남을 때까지 겉, 오른 2코 모아뜨기(ssk)

[10/12/10/12단 평단 뜬 후 줄임 단]을 8/7/8/7회 반복 후 10/12/10/12 평단 혹은 원하는 길이
까지 뜹니다.

원하는 길이까지 뜬 후 4.0mm 바늘로 바꿔 진행합니다.

1 사이즈(72코)　　[겉 3, k2tog, (겉 4, k2tog)×2]×4 ⇨ 56코

2 사이즈(74코)　　(겉 3, k2tog)×14 ⇨ 56코

3 사이즈(80코)　　⇨ 60코

4 사이즈(82코)　　⇨ 60코

코 줄임 한 후 2코 고무뜨기합니다.

2코 고무뜨기 단　sm, (겉 2, 안 2) 끝까지 반복
고무뜨기를 20단(7cm) 뜬 후 2코 고무뜨기 뜨며 엎어코막음합니다. 실을 자르고 정리합니다.
반대편 소매도 동일하게 진행합니다.

Neck band

4.0mm 바늘, 입었을 때를 기준으로 왼쪽 어깨에 실을 이어 시작합니다.
4단마다 3코 줍기 반복, 몸판의 감아코에서 1코 줍기(마커 걸기), 반대편 경사에서도 동일 코수
줍기, 뒷목에서 43코 줍기(공통), 시작 마커(sm).
계속해서 원통형으로 진행합니다.

2단　　마커 1코 전까지 (겉 2, 안 2) 반복(수가 딱 떨어지지 않아도 무관), 중심 3코 모아뜨
기(m), 모아뜨기 이전 코와 동일한 무늬로 다시 시작, 시작 마커까지 2코 고무뜨기
합니다. 무늬가 맞지 않게 끝날 경우 모아뜨기나, 코 늘림으로 무늬를 맞춥니다.

3단　　마커 1코 전까지 (겉 2, 안 2) 반복, 중심 3코 모아뜨기(m), 바늘에 걸린 무늬에 맞춰
시작 마커까지 2코 고무뜨기 반복.

4단　　sm, 끝까지 바늘에 걸린 무늬대로 뜹니다(중심 마커에서 무늬가 이어지지 않으니
주의합니다).

2~4단을 1회, 3~4단을 1회 더 반복합니다(총 9단).
마커 1코 전까지 전부 겉뜨기하며 엎어코막음, 3코 모아뜨기한 후 엎어코막음, 끝까지 겉뜨기
하며 엎어코막음한 후 실을 자르고 정리합니다.

k

Everyday Knit Styling

n

Everyday Knit Styling

i

Everyday Knit Styling

Everyday Knit Styling

t

Part 2

다채로운 패턴
아란 무늬 니트

Moly vest

몰리베스트

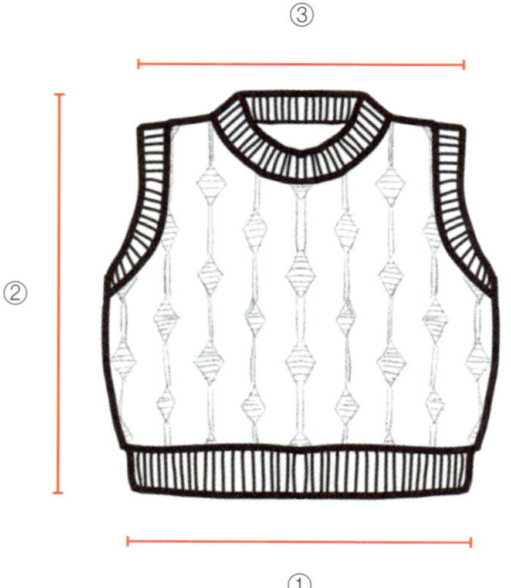

사이즈	① 가로 단면	② 전체 길이	③ 어깨 너비
1	47	50	40
2	50	54	46
3	57	56	51
4	63	60	57

올록볼록 질감 있는 무늬 사이에 작은 다이아몬드 무늬가 줄지어 있는 몰리베스트는 바텀업이지만, 앞/뒤판을 한 번에 떠냅니다. 바늘에 걸리는 코 수가 조금 많지만, 바느질 없이 완성할 수 있어 편리해요. 기본적인 U넥 디자인으로 메리야스 무늬 다음 겉뜨기, 안뜨기가 반복되어 어렵지 않게 도전해 볼 수 있어요.

사이즈	1/2/3/4
사용 실	아임울 4(80g/145m)
	280g/505m, 310g/561m, 360g/652m, 420g/760m
사용 바늘	5.0mm, 4.5mm
게이지(10×10cm)	19코 25단(5.0mm, 무늬뜨기)
난이도	★★★

Swatch

5.0mm 바늘, 손에 걸어 31코 코잡기. 기호 도안을 따라 무늬뜨기합니다.

다음 단　　　전체 겉뜨기

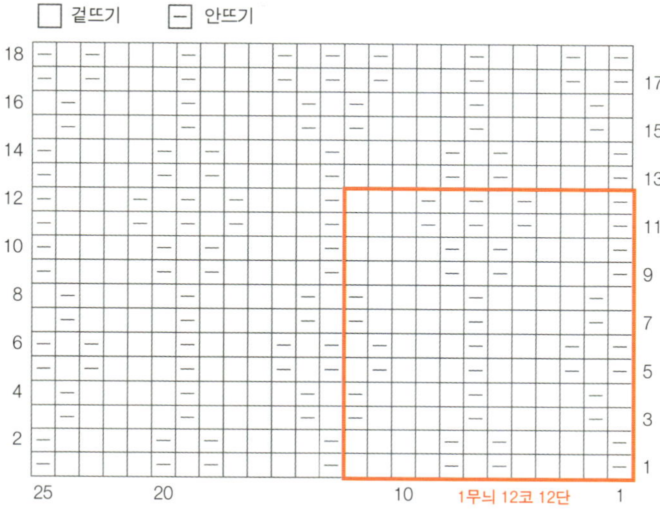

1~18단　　　겉 3, 기호 도안(1~18), 겉 3

19단　　　전체 겉뜨기

전체 겉뜨기하며 엎어코막음으로 마무리합니다. 가볍게 물세탁 혹은 스팀 작업 후 게이지를 측정합니다.

10×10cm 19코 25단

Body

4.5mm 바늘, 주디스 매직 CO로 164/180/198/210코 코잡기. 계속해서 원통형으로 진행합니다.

1코 고무뜨기 단　시작 마커(sm), (겉, 안) 끝까지 반복

고무뜨기를 반복해 18단(6.5cm)을 뜹니다.

5.0mm 바늘로 바꾸어 코늘림합니다(M1R/M1L 혹은 RLI/LLI 사용합니다).

1 사이즈(164코)　(겉 16, M1)×2, (겉 16, M1, 겉 17, M1)×4 ⇨ 174코

2 사이즈(180코)　(겉 10, M1)×18 ⇨ 198코

3 사이즈(198코)　[겉 9, M1, (겉 8, M1)×3]×6 ⇨ 222코

4 사이즈(210코)　[겉 5, M1, (겉 6, M1)×5]×5 ⇨246코

기호 도안을 따라 무늬뜨기합니다.

무늬단   sm, (겉 1, 무늬 1단 7/8/9/10회 반복, 마지막 코*, 겉 1), 중간 마커, 괄호 1회 더 반복.

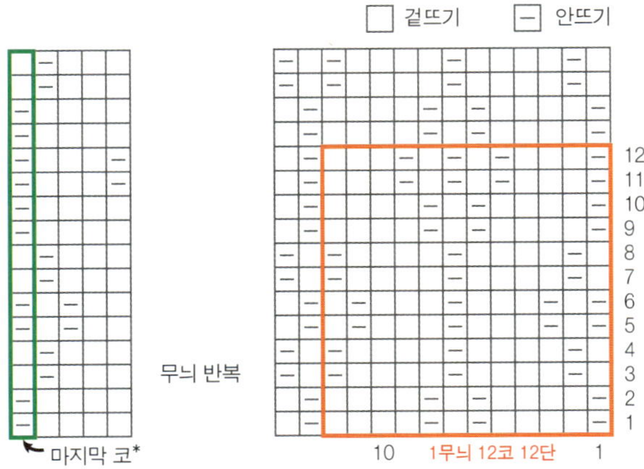

무늬뜨기를 24/28/29/31cm까지 혹은 원하는 길이만큼 뜹니다. 마지막 단은 짝수 단으로 끝나게 합니다.

Back

해당하는 무늬의 홀수 단에서 시작합니다. 마커에서 5/5/6/6코를 풀어 이전 단으로 돌아갑니다. 지금부터 마커를 제거하며 10/10/12/12코 엎어코막음합니다. 다음 마커 5/5/6/6코 전까지 무늬뜨기합니다. 10/10/12/12코 엎어코막음, 끝까지 무늬뜨기, 편물 뒤집기

다음단(안면)   바늘에 걸린 무늬대로 뜨기

1 사이즈 - 77/77코, 2 사이즈 - 89/89코, 3 사이즈 - 99/99코, 4 사이즈 - 111/111코

이렇게 앞/뒤판이 분리되었습니다. 현재 실이 걸린 부분이 뒤판인데 이것을 먼저 뜹니다. 모두 동일하게 뜨기 때문에 숫자를 따로 구분하지 않았습니다. 앞에서 제시하는 코수에 따라 원하는 사이즈로 계속해서 무늬뜨기합니다.

1단(겉면)   오른 2코 모아뜨기(ssk), 엎어코막음 2회, 끝까지 무늬뜨기

2단(안면)   왼 2코 모아뜨기(안/p2tog), 엎어코막음 2회, 끝까지 무늬뜨기

3단(겉면)   ssk, 엎어코막음, 끝까지 무늬뜨기

4단(안면)   p2tog, 엎어코막음, 끝까지 무늬뜨기

5단(겉면)   ssk, 2코 남을 때까지 무늬뜨기, 왼 2코 모아뜨기(k2tog)

6~8단   무늬뜨기

5~6단을 0/1/1/1회 더 반복합니다(9~10단, 2코 감소).

1 사이즈 65코 / 2 사이즈 75코 / 3 사이즈 85코 / 4 사이즈 97코

무늬뜨기를 반복해 36/36/38/42단 더 뜹니다.

독일식 경사뜨기(German short row)로 어깨경사를 만들어 줍니다.

1단(겉면)   3코 남을 때까지 무늬뜨기, 턴

2단(안면)   ds, 3코 남을 때까지 무늬뜨기, 턴

3단(겉면)   ds, 반대편 ds코 포함 3코 남을 때까지 무늬뜨기, 턴

4단(안면)   ds, 반대편 ds코 포함 3코 남을 때까지 무늬뜨기, 턴

3~4단을 3/4/5/6회 더 반복합니다(총 4/5/6/7회). 다음 단은 겉면입니다.

다음 단(겉면)   ds, 끝까지 겉뜨기

다음 단(안면)   끝까지 안뜨기

다음 단(겉면)   끝까지 겉뜨기

다음 단(안면)   끝까지 겉뜨기

이렇게 어깨경사뜨기가 끝났습니다. 실을 자르고 쉼코로 둡니다.

1 사이즈(65코)   어깨15/뒷목35/어깨15

2 사이즈(75코)   어깨18/뒷목39/어깨18

3 사이즈(85코)   어깨21/뒷목43/어깨21

4 사이즈(97코)   어깨27/뒷목43/어깨27

Front

쉼코로 둔 앞판 안면에 실을 이어 시작합니다.

세팅 단(안면) 바늘에 걸린 무늬대로 뜨기

1 사이즈 77코 / 2 사이즈 89코 / 3 사이즈 99코 / 4 사이즈 111코

1단(겉면)   오른 2코 모아뜨기(ssk), 엎어코막음 2회, 끝까지 무늬뜨기

2단(안면)   왼 2코 모아뜨기(안/p2tog), 엎어코막음 2회, 끝까지 무늬뜨기

3단(겉면)   ssk, 엎어코막음, 끝까지 무늬뜨기

4단(안면)   p2tog, 엎어코막음, 끝까지 무늬뜨기

5단(겉면)   ssk, 2코 남을 때까지 무늬뜨기, 왼 2코 모아뜨기(k2tog)

6~8단   무늬뜨기

5~6단을 0/1/1/1회 더 반복합니다(9~10단, 2코 감소).

1 사이즈 65코 / 2 사이즈 75코 / 3 사이즈 85코 / 4 사이즈 97코

무늬뜨기를 반복해 지금부터 20/20/22/26단 더 뜹니다. 다음 단은 겉면입니다.

앞판 나누기(겉면)   25/30/34/40코 무늬뜨기, 15/15/17/17코 엎어코막음(겉), 남은 코 무늬뜨기
                 (25/30/34/40코).

이렇게 앞판이 나누어졌습니다. 지금 실이 걸려있는 오른쪽 앞판부터 앞목진동줄임합니다.

2단(안면)   끝까지 무늬뜨기

3단(겉면)   오른 2코 모아뜨기(ssk), 엎어코막음×4, 끝까지 무늬뜨기

4단 이후 짝수단 동일(안면)끝까지 무늬뜨기

5단(겉면)   ssk, 엎어코막음×2, 끝까지 무늬뜨기

7단(겉면)   ssk, 엎어코막음, 끝까지 무늬뜨기

9단(겉면)   ssk, 끝까지 무늬뜨기

11단(겉면)   9단과 동일

13단(겉면)   끝까지 무늬뜨기

15단(겉면)   9단과 동일. 총 12/17/21/27코

17단부터 10/12/14/14단 뜬 후 뒤판 오른쪽 어깨와 3-needle BO 합니다.

Left front

앞목코막음 시작한 부분에 실을 이어 왼쪽 어깨 안면을 뜹니다.

2단(안면)   끝까지 무늬뜨기

3단(겉면)   끝까지 무늬뜨기

4단(안면)   왼 2코 모아뜨기(안/p2tog), 엎어코막음×4, 끝까지 무늬뜨기

5단(겉면)   끝까지 무늬뜨기

6단(안면)   p2tog, 엎어코막음×2, 끝까지 무늬뜨기

7단(겉면)   끝까지 무늬뜨기

8단(안면)   p2tog, 엎어코막음, 끝까지 무늬뜨기

9단(겉면)   2코 남을 때까지 무늬뜨기, k2tog

10, 12, 14, 16단(안면) 끝까지 무늬뜨기

11단(겉면)   9단과 동일.

13단(겉면)   끝까지 무늬뜨기

15단(겉면)   9단과 동일. 총 12/17/21/27코

17단부터 10/12/14/14단 뜬 후 뒤판 왼쪽 어깨와 3-needle BO 합니다.

Armhole

4.5mm 바늘, 겨드랑이 엎어코막음 부분에 실을 이어 시작합니다.

코 막음 코 가운데부터 4/4/5/5코줄기, 경사에서 모든 코줄기(6코), 몸판에서 4단마다 3코 줄기 반복, 경사에서 모든 코줄기(6코), 남은 코막음 코에서 4/4/5/5코 줄기. 전체 코수가 짝수가 되도록 합니다.

1코 고무뜨기 단   sm, (겉, 안) 끝까지 반복.

고무뜨기를 반복해 6단(3.5cm) 뜹니다.

더블니팅 1단   sm, (겉, 실 앞에 두고 걸러뜨기) 끝까지 반복

더블니팅 2단   sm, (실 뒤에 두고 걸러뜨기, 안) 끝까지 반복

진동둘레의 3배 여유 실을 두고 자릅니다. 돗바늘마무리합니다.

Neck band

4.5mm 바늘, 입었을 때 왼쪽 어깨에 실을 이어 앞판 방향으로 코줍기 합니다.

왼쪽 평단에서 4단마다 3코줄기, 경사에서 모든 코줄기(13코), 앞목 코막음 부분에서 12/12/14/14코 줄기, 경사에서 모든 코줄기(13코), 오른쪽 평단에서 4단마다 3코 줄기, 뒷목 쉼코를 2코 남을 때까지 겉, k2tog, sm. 총 코수가 짝수가 되도록 합니다. 계속해서 원통형으로 진행합니다.

1코 고무뜨기 단   sm, (겉, 안) 끝까지 반복.

고무뜨기를 반복해 10단(4cm) 뜹니다.

더블니팅 1단   sm, (겉, 실 앞에 두고 걸러뜨기) 끝까지 반복

더블니팅 2단   sm, (실 뒤에 두고 걸러뜨기, 안) 끝까지 반복

둘레의 3배 여유 실을 두고 자릅니다. 돗바늘마무리합니다.

Zick Zack pullover

직잭 풀오버

사이즈	① 가로 단면	② 전체 길이	③ 소매 길이
1	50	55	52
2	56	60	48

연속적인 지그재그 모양이 포인트인 풀오버입니다. 풀오버는 영국에서 스웨터와 동일하게 사용되는 단어예요. 이번에는 유럽 느낌을 조금 담아보고 싶었어요. 화려한 테크닉이 아니어도 간단하게 겉뜨기와 안뜨기만으로 모양을 만들어 낸답니다. 드롭숄더 탑다운으로 보이프렌드 오버 핏으로 디자인했습니다. 도드라지지 않고 계속되는 무늬는 오히려 안정감을 줍니다. 색으로 포인트를 주는 것도 좋아요! 이 디자인은 두 가지 사이즈를 제공하기 때문에 차트도 사이즈에 따라 제시했어요.

사이즈	1/2
사용 실	세븐이지(80g/131m)
	580g/950m, 670g/1100m
사용 바늘	5.0mm, 4.5mm
게이지(10×10cm)	18코 24단(5.0mm, 무늬 뜨기)
난이도	★★★

Swatch

5.0mm 바늘, 손에 걸어 31코 코잡기, 기호도안을 따라 무늬뜨기합니다.
홀수단에서는 보이는 기호대로 뜨고, 짝수단에서는 반대로 읽어 뜹니다.

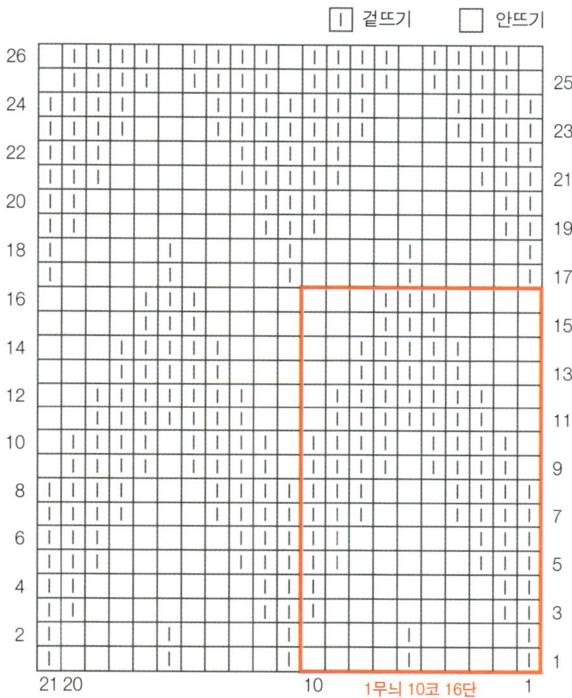

26단까지 뜨고 옆어코막음 한 후 가볍게 세탁 또는 스팀 작업 후 게이지를 측정합니다.
10×10cm 18코 24단

Back _1 size

5.0mm 바늘, 손에 걸어
95코 코잡기. 기호 도안을
따라 어깨 경사를 뜹니다.
22단까지 경사뜨기가 끝
난 후 무늬를 반복하여 36
단까지 뜬 후 감아코 5코
만든 후 실을 자릅니다.

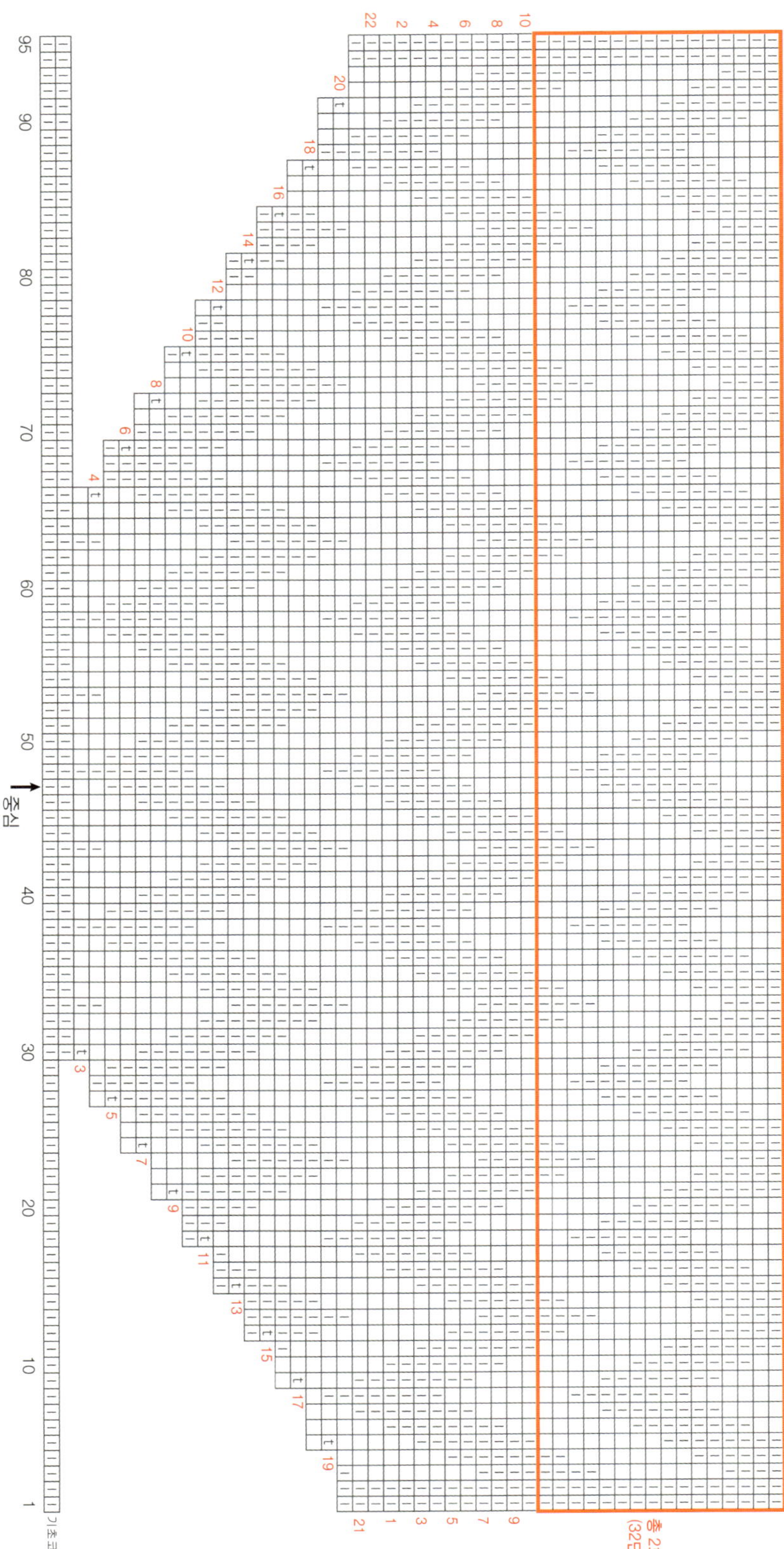

front _1 size

왼쪽 앞판부터 뜹니다.
5.0mm 바늘, 뒤판의
왼쪽 경사에서 29코 줍
기. 기호 도안에 따라
왼쪽 앞판을 뜹니다.
34단까지 뜬 후 감아코
19코, 실을 자르고 쉼
코로 둡니다.
뒤판의 오른쪽 경사에
서 29코 주워 도안에
맞춰 34단까지 뜬 후
왼쪽 앞판과 연결해 무
늬뜨기합니다.
앞판을 합친 후 30단을
뜨고 감아코 5코 만든
후 실을 자르지 않고
뒤판과 연결합니다.

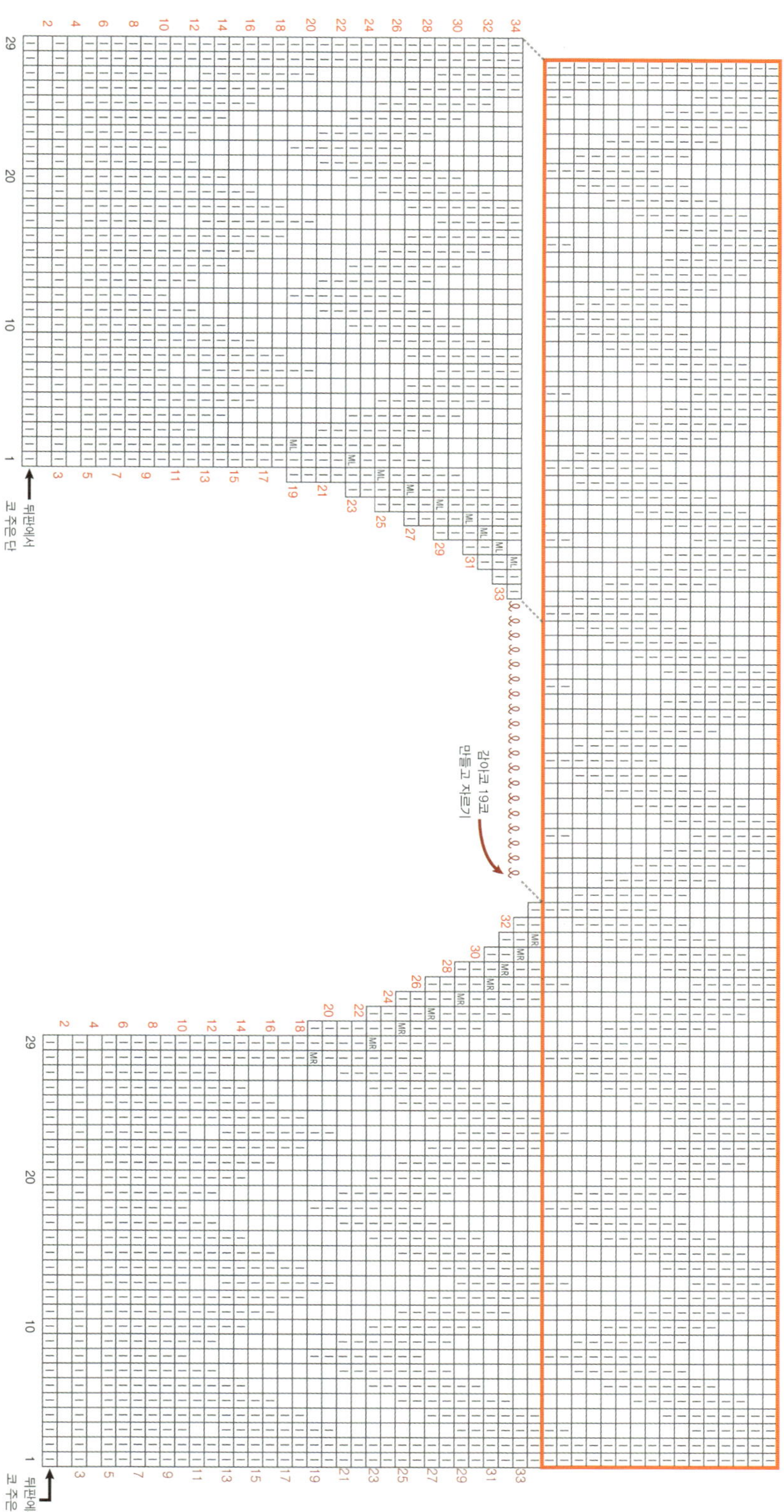

Back _ 2 size

5.0mm 바늘, 손에 걸어 105
코 코잡기. 기호 도안을 따라
어깨 경사를 뜹니다. 26단까
지 경사 뜨기가 끝나면 무늬
를 반복하여 42단까지 뜬 후
감아코 5코 만든 후 실을 자릅
니다.

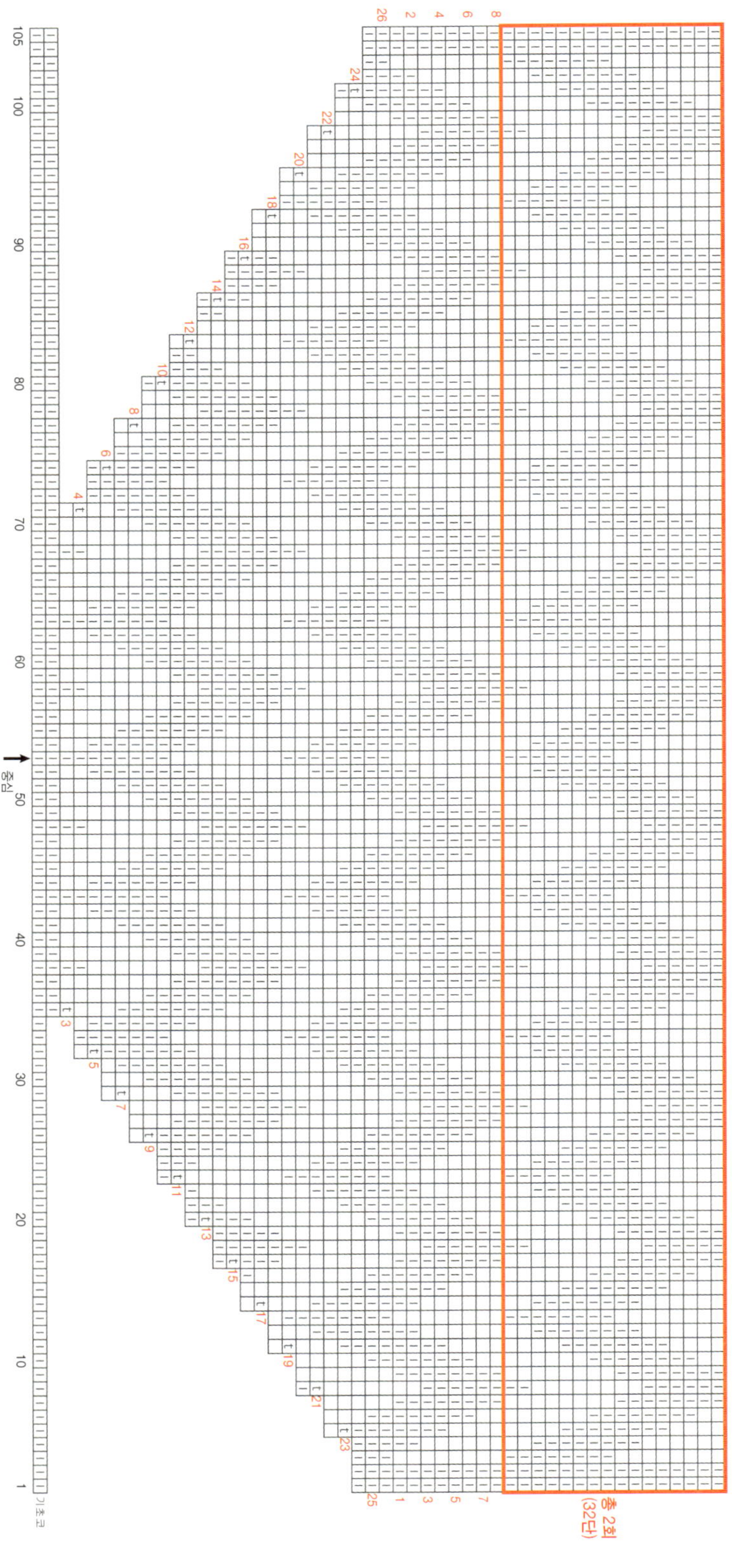

front _ 2 size

왼쪽 앞판부터 뜹니다.
5.0mm 바늘, 뒤판의 왼쪽
경사에서 34코 줍기. 기호
도안에 따라 왼쪽 앞판을
뜹니다. 34단까지 뜬 후 감
아코 19코, 실을 자르고 쉼
코로 둡니다.

뒤판의 오른쪽 경사에서 34
코 주워 도안에 맞춰 34단
까지 뜬 후 왼쪽 앞판과 연
결해 무늬뜨기 합니다.

앞판을 합친 후 32단을 뜨
고 감아코 5코 만든 후 실
을 자르지 않고 뒤판과 연
결합니다.

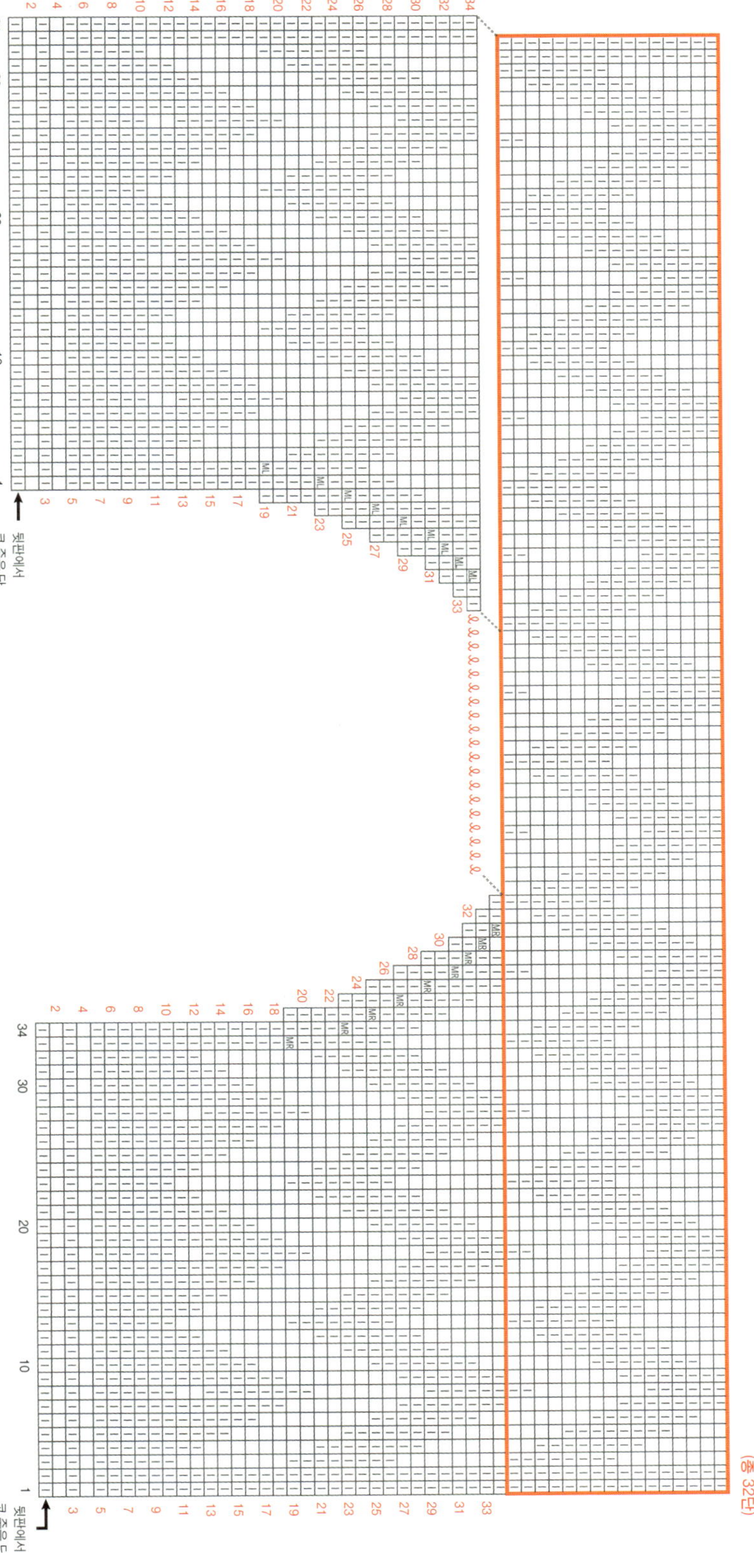

Body

앞판에 이어진 실로 뒤판과 연결합니다.
앞판에서 만든 감아코 모두 겉, 앞판 무늬에 맞춰 끝까지 뜨기, 뒤판에서 만든 감아코 모두 겉,
뒤판 무늬에 맞춰 끝까지 뜨기, 시작 마커(sm)
이렇게 몸판이 원통형으로 연결되었습니다. 바늘에 걸린 무늬에 맞춰 뒷목에서 50/53cm 혹은
원하는 길이까지 뜹니다.

4.5mm 바늘로 바꿔 진행합니다.
1사이즈(200코)   (겉 8, k2tog)×20 ⇨ 180코
2사이즈(220코)   (겉 9, k2tog)×20 ⇨ 200코
1코 고무뜨기 단   sm, (겉, 안) 끝까지 반복
고무뜨기를 18단(10cm)까지 뜹니다.

더블니팅 1단   sm, (겉, 실 앞에 두고 걸러뜨기) 끝까지 반복
더블니팅 2단   sm, (실 뒤에 두고 걸러뜨기, 안) 끝까지 반복
둘레의 3배 여유 실을 두고 자릅니다. 돗바늘 마무리합니다.

Sleeve

5.0mm 바늘, 겨드랑이 감아코에서 실을 이어 시작합니다.
감아코 중 가운데부터 3코 줍기, (4단마다 3코 줍기, 3단마다 2코 줍기)를 몸판에 반복해 72/77
코 줍기, 남은 감아코의 2코 줍기.
총 77/82코, 계속해서 원통형으로 진행합니다.

평단   시작 마커(sm), 안 1, 끝까지 겉뜨기
줄임단   sm, 안 1, 왼 2코 줄임(k2tog), 2코 남을 때까지 겉, 오른 2코 줄임(ssk)
[평단 9/13회 반복 후 줄임단]을 10/7회(100단/20코 감소, 98단/14코 감소) 반복해 소매 줄임을
합니다. 이후 6~10단 정도 더 떠서 복숭아뼈 위치까지 길이로 뜹니다.

바늘에 57/68코 걸려있습니다. 4.5mm 바늘로 바꾸어 진행합니다.
1사이즈(57코)   sm, (겉 17, k2tog)×3 ⇨ 54코

2사이즈(68코)   sm, (겉 7, k2tog, 겉 6, k2tog)×4 ⇨ 60코
1코 고무뜨기 단 sm, (겉, 안) 끝까지 반복
고무뜨기를 18단(10cm)까지 뜹니다.

더블니팅 1단   sm, (겉, 실 앞에 두고 걸러뜨기) 끝까지 반복
더블니팅 2단   sm, (실 뒤에 두고 걸러뜨기, 안) 끝까지 반복
소매둘레의 3배 여유 실을 두고 자릅니다. 돗바늘 마무리 합니다.

Neck band

4.5mm 바늘, 왼쪽 어깨에 실을 이어 시작합니다. 앞판 경사까지 4단마다 3코줄기 26코, 앞목
감아코에서 18코, 오른쪽 앞판에서 4단마다 3코줄기 26코, 뒷목에서 4코마다 3코줄기 30코. 총
100코
1코 고무뜨기 단 시작마커(sm), (겉, 안)을 끝까지 반복
고무뜨기를 반복해 6단(2.5cm)까지 뜹니다. 다음 더블니팅을 이어 뜹니다.

더블니팅 1단   sm, (겉, 실 앞에 두고 걸러뜨기) 끝까지 반복
더블니팅 2단   sm, (실 뒤에 두고 걸러뜨기, 안) 끝까지 반복
목둘레의 3배 여유 실을 두고 자릅니다. 돗바늘 마무리합니다.

Comodo bustier

코모도 뷔스티에

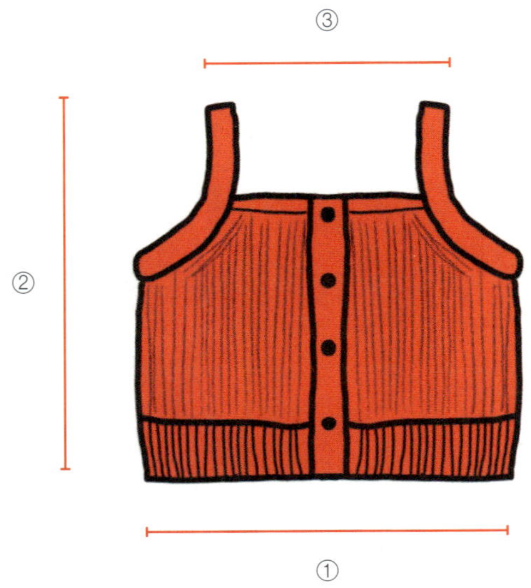

사이즈	① 가로 단면	② 전체 길이	③ 가슴 단면
1	43	45	23
2	47	45	25
3	51	45	29

부드럽고 편안한 느낌의 코모도 뷔스티에는 라쿤 실을 이용한 레이어드 아이템입니다. 겉보기에 평범한 메리야스무늬처럼 보이지만, 약간의 기법으로 새로운 무늬를 익힐 수 있습니다. 얇지만 겨울정원이 주는 폭신한 촉감때문에 더욱 따스하고 편안한 느낌을 줍니다.

사이즈	1/2/3
사용 실	겨울정원(50g/160m)
	120g/384m, 127g/406m, 140g/450m
사용 바늘	4.5mm, 4.0mm
게이지(10×10cm)	19.5코 38단(4.5mm, 무늬뜨기)
난이도	★★★

Body

4.5mm 바늘, 주디스 매직 CO(페이지 참고)로 169/185/201코 코잡기. 3.5mm 바늘로 바꿔 진행합니다.

2단(안면)　　　안 2, (겉, 안) 1코 남을 때까지 반복, 안
3단(겉면)　　　겉 2, (안, 겉) 1코 남을 때까지 반복, 겉

2~3단을 반복해 16~20단(6~7cm) 혹은 원하는 길이로 뜹니다.

4.5mm 바늘로 바꾸어 무늬뜨기합니다.

1단(겉면)　　　전체 겉뜨기
2단(안면)　　　안 1, (실 앞에 두고 걸러뜨기(sl yf), 안 1) 끝까지 반복

1~2단을 반복해 68단(18cm) 혹은 원하는 길이까지 뜹니다.

몸판 나누기

1단(겉면)　　　겉 29/33/35, 엎어코막음 21/23/25, 끝까지 겉
2단(안면)　　　29/33/35코까지 (안 1, sl yf) 반복, 엎어코막음(안)21/23/25, 남은 코 무늬뜨기

이렇게 몸판이 나누어졌습니다.

앞판 29/33/35코, 뒤판 69/73/81코, 앞판 29/33/35코. 이어서 실이 걸려 있는 뒤판을 뜹니다.

Back

진동 1단(겉면)　　겉 4, 오른 3코 모아뜨기(sk2po), 7코 남을 때까지 겉, 왼 3코 모아뜨기(k3tog), 겉 4
진동 2단(안면)　　안 1, (sl yf, 안 1) 끝까지 반복

1~2단을 3회 더 반복합니다(총 4단, 16코 감소).

진동 9단(겉면)　　겉 4, 오른 2코 모아뜨기(ssk), 6코 남을 때까지 겉, 왼 2코 모아뜨기(k2tog), 겉 4
진동 10단(안면)　　안 1, (sl yf, 안 1)×2, 안 1, 괄호를 5코 남을 때까지 반복, 안 1, (sl yf, 안 1)×2
진동 11단(겉면)　　겉 4, ssk, 6코 남을 때까지 겉, k2tog, 겉 4
진동 12단(안면)　　안 1, (sl yf, 안 1) 끝까지 반복

9~10단을 1회 더 반복합니다. (13~14단)

진동 15단(겉면)　　전체 겉뜨기

10~12단을 1회 더 반복합니다(16~18단, 총 8코 감소).
이렇게 뒤판 진동 줄임이 끝났습니다. 바늘에 45/49/57코 걸려 있습니다.

1단(겉면)   전체 겉뜨기
2단(안면)   안 1, (sl yf, 안 1) 끝까지 반복
1~2단을 8회 반복해 16단까지 뜹니다.

3.5mm 바늘로 바꾸어 전체 겉뜨기 합니다. 편물을 뒤집어 왼 바늘에 감아코 2 만든 후 겉 2, 오른 바늘의 2코를 왼 바늘로 옮깁니다.
아이코드 엣징 단 겉 1, 왼 2코 꼬아모아뜨기(k2tog tbl), 왼 바늘로 2코 옮기기.
왼 바늘의 모든 코가 없어질 때까지 반복합니다. 실을 자르고, 남은 2코에 통과시켜 마무리합니다.

Right front

편물의 오른쪽 앞판을 뜹니다. 앞판 29/33/35코, 편물의 안면에서 실을 이어 시작합니다.
다음 단(안면)   안 1, (sl yf, 안 1) 끝까지 반복

진동 1단(겉면)   7코 남을 때까지 겉, 왼 3코 모아뜨기(k3tog), 겉 4
진동 2단(안면)   안 1, (sl yf, 안 1) 끝까지 반복
1~2단을 1회 더 반복합니다(3~4단, 총 4코 감소).

5단(겉면)   6코 남을 때까지 겉, k2tog, 겉 4
6단(안면)   안 1, (sl yf, 안 1)×2, 안 1, (sl yf, 안 1) 끝까지 반복
7단(겉면)   6코 남을 때까지 겉, k2tog, 겉 4
8단(안면)   안 1, (sl yf, 안 1) 끝까지 반복
5~8단을 3회 더 반복합니다(9~20단, 총 4회, 8코 감소).

21단(겉면)   전체 겉뜨기
22단(안면)   안 1, (sl yf, 안 1)끝까지 반복
21~22단을 반복해 27단까지 뜹니다. 다음 28단은 안면입니다.

28단(안면)   안 1, (sl yf, 안 1) 반복해 6/6/8코 남을 때까지 반복
29단(겉면)   ds, 끝까지 겉

30단(안면)   안 1, (sl yf, 안 1) 반복해 이전 ds코 포함 4코 남을 때까지 반복

31단(겉면)   ds, 끝까지 겉

32단(안면)   안 1, (sl yf, 안 1) 반복해 이전 ds코 포함 2/2/4코 남을 때까지 반복

33단(겉면)   ds, 끝까지 겉

34단(안면)   안 1, (sl yf, 안 1) 반복해 이전 ds코 포함 0/2/2코 남을 때까지 반복

35단(겉면)   ds, 끝까지 겉

34~35단 1회 더 반복합니다(36~37단).

38단(안면)   안 1, (sl yf, 안 1) 끝까지 반복(ds코는 1코로 생각하고 뜹니다).

39단(겉면)   3.5mm 바늘로 바꾸어 끝까지 겉, 감아코 2

편물을 뒤집어 겉 2, 오른 바늘의 2코를 왼 바늘로 옮기기

아이코드 엣징 단   겉 1, 왼 2코 꼬아모아뜨기(k2tog tbl), 왼 바늘로 2코 옮기기.

왼 바늘의 모든 코가 없어질 때까지 반복합니다. 실을 20cm 정도 남겨 자르고, 남은 2코에 통과시켜 마무리합니다.

Right button band

3.5mm 바늘, 오른쪽 앞판의 고무단에서 앞목 방향으로 3단마다 2코줍기 합니다. 앞판 엣징 마무리하고 남겨둔 실과 같이 흔들코 12코 코잡기.

더블니팅 1단(안면)   (겉, sl yf)×6, sl yf

더블니팅 2단(겉면)   k2tog, (sl yf, 겉)×5, sl yf

1~2단을 2회 더 반복한 후 단추구멍을 만듭니다.

단추구멍 1~4단   (겉, sl yf)×3, 편물 뒤집기

단추구멍 5단   (겉, sl yf)×3, 바늘 비우기, (겉, sl yf)×3, sl yf

단추구멍 6단   k2tog, (겉, sl yf)×2, sl yf

단추구멍 7단   바늘 비우기로 만들었던 구멍에서 실을 다시 끌어올려 왼 바늘에 걸기,
                  k2tog, (sl yf, 겉)×2, sl yf

단추구멍 8단   k2tog, (sl yf, 겉)×5, sl yf

다시 더블니팅 1~2단을 17회 반복 후 단추구멍 만들기를 4회 더 반복합니다(단추구멍 5개). 이후 1~2단만 반복해 몸판에서 주운 코를 모두 더블니팅 합니다.

바늘에 12코만 남을 때 1코 고무뜨기 돗바늘 마무리합니다.

left front

편물의 왼쪽 앞판을 뜹니다. 앞판 29/33/35코. 편물 겉면의 엎어코막음 한 부분에 실을 이어 시작합니다.

진동 1단(겉면) 겉 4, 오른 3코 모아뜨기(sk2po), 끝까지 겉

진동 2단(안면) 안 1, (sl yf, 안 1) 끝까지 반복합니다.

1~2단을 1회 더 반복합니다. (3~4단, 총 4코 감소)

5단(겉면) 겉 4, 오른 2코 모아뜨기(ssk), 끝까지 겉

6단(안면) 안 1, (sl yf, 안 1) 5코 남을 때까지 반복, 안 1, (sl yf, 안 1)×2

7단(겉면) 겉 4, ssk, 끝까지 겉

8단(안면) 안 1, (sl yf, 안 1) 끝까지 반복합니다.

5~8단을 3회 더 반복합니다(9~20단, 총 4회, 8코 감소).

21단(겉면) 전체 겉뜨기

22단(안면) 안 1, (sl yf, 안 1) 끝까지 반복합니다.

21~22단을 반복해 26단까지 뜹니다. 다음 27단은 겉면입니다.

27단(겉면) 6/6/8코 남을 때까지 겉

28단(안면) ds, (sl yf, 안 1) 끝까지 반복

29단(겉면) 이전 ds코 포함해 4코 전까지 겉

30단(안면) ds, (sl yf, 안 1) 끝까지 반복

31단(겉면) 이전 ds코 포함해 2/2/4코 전까지 겉

32단(안면) ds, (sl yf, 안 1) 끝까지 반복

33단(겉면) 이전 ds코 포함해 0/2/2코 전까지 겉

34단(안면) ds, (sl yf, 안 1) 끝까지 반복

35단(겉면) 이전 ds코 포함해 0/2/2코 전까지 겉

36단(안면) ds, (sl yf, 안 1) 끝까지 반복

37단(겉면) 끝까지 겉(ds코는 1코로 생각하고 뜹니다.)

38단(안면) 안 1, (sl yf, 안 1) 끝까지 반복.

39단(겉면) 3.5mm 바늘로 바꾸어 끝까지 겉, 앞판의 코는 쉼코로 두고 실을 자르지 않고 버튼밴드를 뜹니다.

Left button band

3.5mm 바늘, 계속해서 왼쪽 앞판의 고무단 방향으로 (3단마다 2코줄기, 2단마다 1코줄기) 반복합니다. 새 실을 덧대어 겉뜨기로 시작하는 흔들코 12코 코잡기.

더블니팅 1단(안면)　　(겉, sl yf)×6, sl yf

더블니팅 2단(겉면)　　k2tog, (sl yf, 겉)×5, sl yf

1~2단을 몸판에서 주운 모든 코에 반복합니다. 마지막 단은 겉면입니다.

안면에서 쉼코로 둔 앞판의 코를 같이 마무리합니다. 왼 바늘에 감아코 2, 겉 2, 오른 바늘의 2코를 왼 바늘로 옮기기

아이코드 엣징 1　　겉 1, 왼 3코 꼬아모아뜨기(k3tog tbl), 왼 바늘로 2코 옮기기.

엣징 1을 6회 반복합니다.

아이코드 엣징 2　　겉 1, 왼 2코 꼬아모아뜨기(k2tog tbl), 왼 바늘로 2코 옮기기.

2코 남을 때까지 반복합니다. 실을 자르고 남은 2코에 통과시켜 마무리합니다.

Strap

그림을 참조해 3.5mm 바늘로 1번 방향대로 3단마다 2코 줄기, 겨드랑이 엎어코막음 부분에서 5코마다 4코 줄기, 감아코 6(얇은버전)/10(넓은버전) 스트랩의 감아코 6/10은 선택사항이에요.

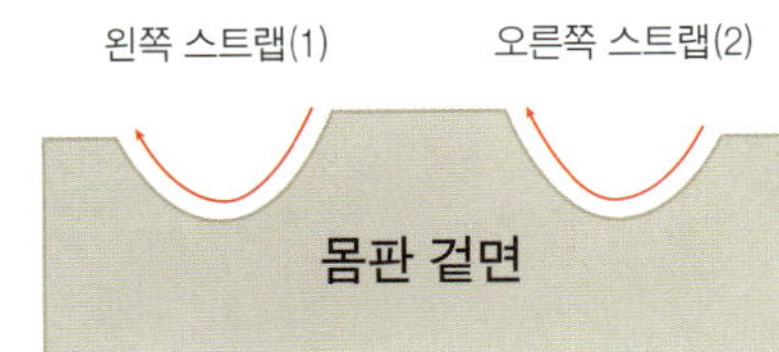

1단(안면)　　(겉, sl yf)×3/4

2단(겉면)　　k2tog, (sl yf, 겉)×2/3, sl yf

1~2단을 반복해 몸판에서 주운 코를 모두 뜬 후 6/8코를 1단만 반복해 25cm 혹은 몸에 맞는 길이만큼 반복합니다.

시작 부분의 감아코와 메리야스 세로잇기(kitchener stitch)로 연결합니다.

2번 스트랩도 동일하게 뜹니다.

Anna shawl

안나 숄

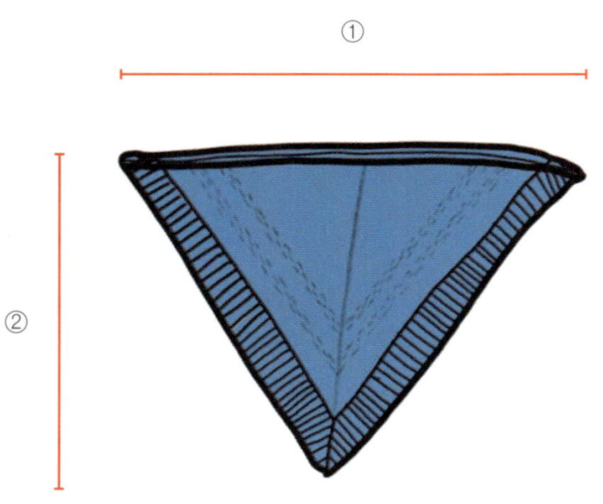

사이즈	① 가로 단면	② 전체 길이
one size	50	55

어쩐지 성냥팔이 소녀가 생각나는 숄입니다. 성냥팔이 소녀의 이름이 '안나'라고 해요. 안나의 추위를 달래줄 숄을 디자인했습니다. 가볍고 따뜻하며 보드라운 구르미 실을 사용한 가장 기본적인 구조입니다. 약간 변형을 하면 무늬를 넣을 수도 있답니다. 겨울에는 바라클라바처럼 활용할 수 있어요.

사이즈	one size
사용 실	구르미(100g/110m) 2볼 200g/220m
사용 바늘	7.0mm
게이지(10×10cm)	12.5코 18단(7.0mm, 메리야스 뜨기)
난이도	★★

Start

7.0mm 바늘, 손에 걸어 4코 코잡기.

2단(안면) 전체 안뜨기

3단(겉면) 겉 1, M1L, 겉 1, LLI, 마커(m), RLI, 겉 1, M1R, 겉 1

4단(안면) 전체 안뜨기(기재하지 않은 짝수단(=안면)은 모두 안뜨기)

5단(겉면) 겉 2, 바늘비우기(yo), 마커까지 겉, LLI, m, RLI, 2코 남을 때까지 겉, yo, 겉 2

7단(겉면) 겉 2, M1L, 마커까지 겉, LLI, m, RLI, 2코 남을 때까지 겉, M1R, 겉 2

5~8단을 12회 더 반복합니다(총 13회, 52단). 다음 단은 겉면입니다.

무늬 1단(겉면) 겉 2, yo, (겉 1, 실 앞에 두고 걸러뜨기(sl yf)) 마커까지 반복, LLI, m, RLI, (sl yf, 겉 1)을 2코 남을 때까지 반복, yo, 겉 2

2단(안면) 전체 안뜨기.

3단(겉면) 겉 2, M1L, (겉 1, sl yf)) 마커까지 반복, LLI, m, RLI, (sl yf, 겉 1) 2코 남을 때까지 반복, M1R, 겉 2

4단(안면) 전체 안뜨기.

무늬 1~2단을 1회 더 반복 후 메리야스뜨기(무늬 없는 단)로 7~8단을 뜹니다. 다시 5~8단을 1회(4단), 무늬뜨기 1~4단, 메리야스뜨기로 5~8단을 뜹니다. 다음 단은 겉면입니다.

Edging

1단(겉면)	겉 2, M1LP, 마커까지 (겉, 안) 반복, LLI, m, RLI, 2코 남을 때까지 (안, 겉) 반복, M1RP, 겉 2
2단(안면)	전체 안뜨기.
3단(겉면)	겉 2, M1L, 마커까지 (안, 겉) 반복, LLI, m, RLI, 2코 남을 때까지 (겉, 안) 반복, M1L, 겉 2
4단(안면)	전체 안뜨기.

1~4단을 1회 더 반복합니다(총 2회, 8단). 다음 단은 겉면입니다.

마무리단 겉 2, 엎어코막음, 마커까지 (겉, 안)을 반복하며 엎어코막음, 마커 제거, 2코 남을 때까지 (안, 겉)을 반복하며 엎어코막음, 남은 코는 겉뜨기로 엎어코막음합니다. 실은 자르지 않습니다.

마지막 남은 1코는 바늘에 남겨둔 채 다음 그림의 화살표 방향 따라 코줍기(3단마다 2코 줍기), 감아코1

2~5단 끝까지 겉뜨기, 감아코1

다음 단은 안면입니다. 전체 겉뜨기하며 엎어 코막음합니다. 실을 자르고 정리합니다.

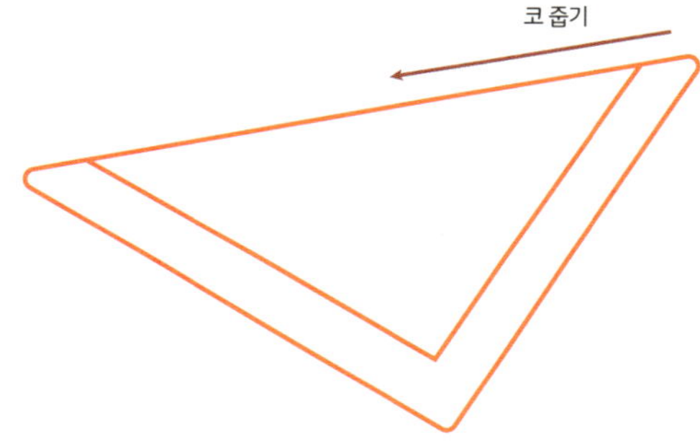

Serena vest

세레나 베스트

사이즈	① 최대 단면	② 전체 길이	③ 어깨 너비
1	55	45	45
2	60	45	47
3	62	45	49

가슴에 화려한 무늬가 있고 그 아래로 편물이 넓게 펼쳐져 중세 시대의 드레스를 떠올리게 하는 디자인입니다. 어느 시대의 귀족이었을 것 같은 이름을 붙여봤어요. 비침무늬와 교차무늬가 화려하게 들어가지만, 넓은 메리야스무늬와 잘 어우러지도록 했습니다. 어깨 경사를 만들고 탑다운으로 예쁜 어깨선을 만들어줍니다. 무늬가 조금 난이도 있어 보일 수도 있지만, 기호 도안을 따라 하면 그렇게 어렵지는 않을 거예요.

사이즈	1/2/3
사용 실	세븐이지(80g/131m)
	385g/630m, 400g/655m, 430g/704m
사용 바늘	5.0mm, 4.5mm, 5.5mm
게이지(10×10cm)	18코 24단(5.0mm, 메리야스 뜨기)
난이도	★★★

Back

5.0mm 바늘, 손에 걸어 33코 코잡기.

2단(안면)   전체 안뜨기, 감아코 3

3단(겉면)   끝까지 겉뜨기, 감아코 3

4단(안면)   끝까지 안뜨기, 감아코 3

3~4단을 2/3/5회 더 반복합니다. 다음 단은 겉면입니다.

3사이즈

3단을 1회 더 반복 후 안면에서 전체 안뜨기합니다. 총 75코

1/2사이즈

겉면   끝까지 겉뜨기, 감아코 3

안면   끝까지 안뜨기, 감아코 5/4

겉면   끝까지 겉뜨기, 감아코 5/4

안면   끝까지 안뜨기. 총 67/71코 (12/14단)

모든 사이즈

겉면   전체 겉뜨기

안면   전체 겉뜨기 67/71/75코(가터무늬)

1 사이즈

무늬 1단   겉 1, 무늬차트(65코), 겉 1

무늬 2단   안 1, 무늬(65코), 안 1

2 사이즈

무늬 1단   겉 1, 꼬아뜨기, 안 1, 무늬차트(65코), 안 1, 꼬아뜨기, 겉 1

무늬 2단   안 1, 꼬아뜨기(안), 겉 1, 무늬(65코), 겉 1, 꼬아뜨기(안), 안 1

3 사이즈

무늬 1단   겉 1, (꼬아뜨기, 안 1)×2, 무늬차트(65코), (안 1, 꼬아뜨기)×2, 겉 1

무늬 2단   안 1, (꼬아뜨기(안), 겉 1)×2, 무늬(65코), (겉 1, 꼬아뜨기(안))×2, 안 1

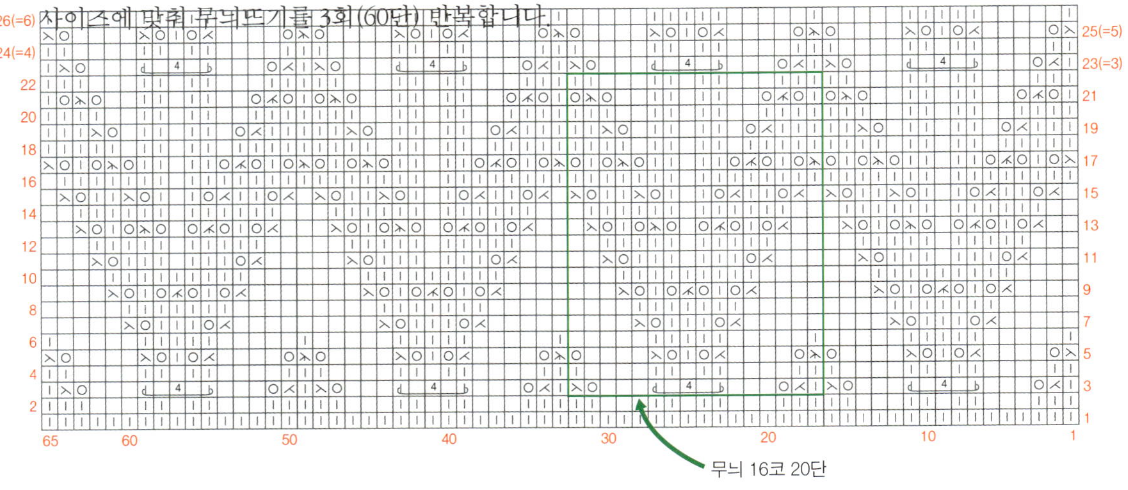

무늬뜨기가 끝난 후 전체 겉뜨기 1단(겉면) 뜬 후 실을 자르지 않고 쉼코로 둡니다. 이 실은 이후에 고무단뜨기에 사용합니다.

Left front

5.0mm 바늘, 뒤판 왼쪽 어깨의 감아코에 실을 이어 모든 코줍기. 총 17/19/21코

2단(안면) 　　　전체 안뜨기

3단(겉면) 　　　전체 겉뜨기

2~3단을 반복해 16단까지 뜹니다. 다음 단은 겉면입니다.

늘림 1단(겉면) 　겉 1, 왼코 늘림(M1L), 끝까지 겉

2단(안면) 　　　전체 안뜨기

3단(겉면) 　　　전체 겉뜨기

4단(안면) 　　　전체 안뜨기

늘림1~2단을 3회 더 반복합니다(총 4코 증가, 21/23/25코).

늘림 11단(겉면) 　겉 1, M1L, 끝까지 겉

늘림 12단(안면) 　1코 남을 때까지 안뜨기, M1LP(안), 안 1

늘림 11~12단을 2회 더 반복합니다(총 6코 증가, 27/29/31코). 감아코 13코 만든 후 실을 자르

고 쉼코로 둡니다.

Right front

5.0mm 바늘, 뒤판 오른쪽 어깨의 감아코에 실을 이어 모든 코줍기. 총 17/19/21코

2단(안면)　　　전체 안뜨기

3단(겉면)　　　전체 겉뜨기

2~3단을 반복해 16단까지 뜹니다. 다음 단은 겉면입니다.

늘림 1단(겉면)　　1코 남을 때까지 겉, 오른코 늘림(M1R), 겉

2단(안면)　　　전체 안뜨기

3단(겉면)　　　전체 겉뜨기

4단(안면)　　　전체 안뜨기

늘림1~2단을 3회 더 반복합니다(총 4코 증가, 21/23/25코).

늘림 11단(겉면)　1코 남을 때까지 겉, M1R, 겉

늘림 12단(안면)　안 1, M1RP(안), 끝까지 안

늘림 11~12단을 2회 더 반복합니다(총 6코 증가, 27/29/31코).

실을 자르지 않고 이어서 앞판을 연결합니다.

겉면　　　　　오른쪽 앞판 전체 겉, 왼쪽 앞판에 만들어둔 감아코 모두 겉, 끝까지 겉.
　　　　　　　　총 67/71/75코

안면　　　　　전체 겉뜨기

뒤판의 무늬 진행에 맞춰 뜨되 차트의 17단부터 뜨기 시작합니다. 43단을 뜬 후 전체 겉뜨기 1단 뜹니다.

이어서 실을 자르지 않고 그림을 참고해 앞판에 이어진 실로 4.5mm 바늘, 4단마다 3코 줍기 합니다. 총 108코

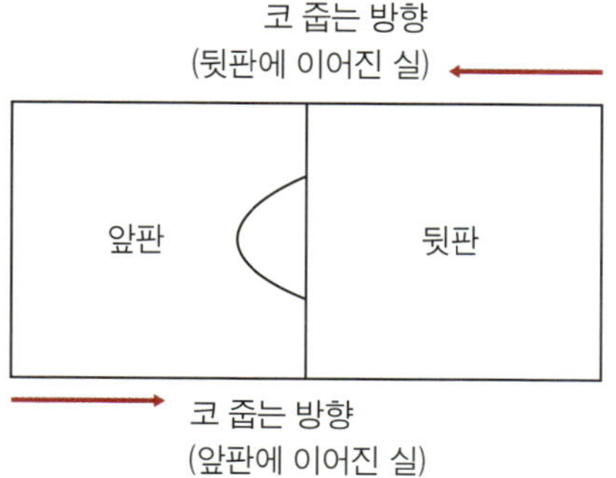

2단(안면)	안 3, (겉 2, 안 2) 1코 남을 때까지 반복, 안
3단(겉면)	겉 3, (안 2, 겉 2) 1코 남을 때까지 반복, 겉

2~3단을 반복해 10단까지 뜬 후 고무뜨기하고 엎어코막음 한 후 실을 자릅니다. 반대편(뒤판에 이어진 실)도 동일하게 진행합니다. 실을 자르지 않고 이어서 몸판을 연결합니다.

Body

오른쪽 겨드랑이가 되는 고무단에 연결된 실로 진행합니다. 뒤판 고무단에서 5단마다 4코씩 주위 8코줍기, 앞판의 코를 이어 전체 안뜨기합니다. 왼쪽 뒤판 고무단에서 동일하게 8코줍기. 뒤판의 모든 코 전체 안뜨기, 시작 마커(sm). 총 150/158/166코

Belt

계속해서 원통형으로 진행합니다.

2단	전체 안뜨기
3단	전체 겉뜨기
4단	전체 안뜨기
5단	sm, (꼬아뜨기, 안) 끝까지 반복

5단을 반복해 6단(2.8cm)을 뜹니다. 다시 2~3단을 2회 더 반복합니다(4단).

2, 3 사이즈

sm, (M1L, 겉 79/83)×2 162/168코

Skirt

5.5mm 바늘로 바꿔 진행합니다.

1~3단　　전체 겉뜨기

늘림 4단　　sm, (겉 6, LLI, 겉 6, RLI) 끝까지 반복

5~8단　　전체 겉뜨기

늘림 9단　　sm, (겉 3, LLI, 겉 7, RLI, 겉 4) 끝까지 반복

벨트부터 22cm 혹은 원하는 길이까지 메리야스뜨기합니다.

엣징 1단　　전체 안뜨기

엣징 2단　　전체 겉뜨기

엣징 3단　　전체 안뜨기

엣징 4단　　sm, (왼 2코 모아뜨기(k2tog), 바늘비우기) 끝까지 반복

엣징 5단　　전체 겉뜨기

전체 안뜨기하며 느슨하게 엎어 코막음합니다. 실을 자르고 정리합니다.

Neck band

4.5mm 바늘, 입었을 때 왼쪽 어깨에 실을 이어 시작합니다.
앞목 경사에서 25코(5단마다 4코줄기), 앞목 감아코에서 13코, 오른쪽 경사 25코, 뒷목에서
33코 줍기. 총 96코

2코 고무뜨기 단　sm, (겉 2, 안 2) 끝까지 반복
고무뜨기를 반복해 8단(3cm)까지 뜬 후 돗바늘마무리합니다.

Punto Coat

푼토 코트

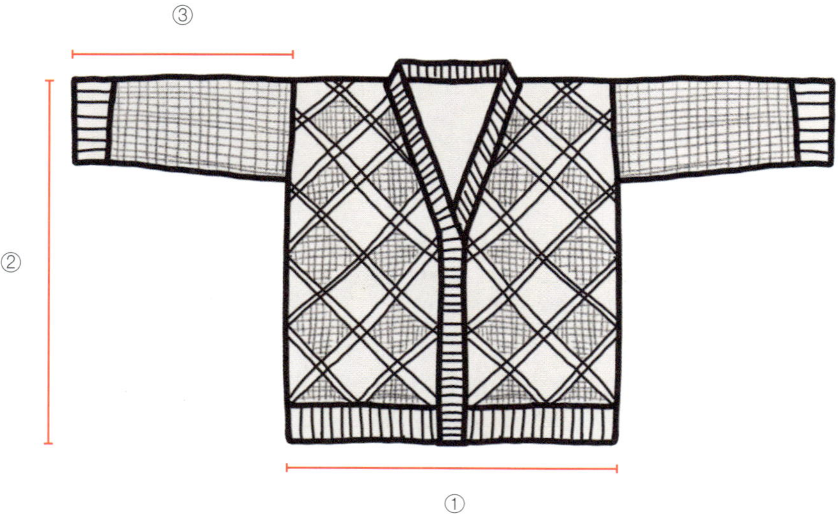

사이즈	① 가로 단면	② 전체 길이	③ 소매 길이
one size	65	75	48

도톰한 푼토 어게인은 겨울에 아주 어울리는 실이에요. 마름모를 좋아하는 개인의 취향을 담아 겨울 외투로도 입을 수 있는 코트를 디자인했습니다. 여러 변칙이 있는 마름모라서 뜨는 내내 재미있게 뜰 수 있었답니다. 두꺼운 바늘과 실을 사용하기 때문에 편물이 금세 자라나기도 합니다. 바텀업으로 진행하는 코트이고 단독으로 입기에도 좋은 도톰한 두께감이에요.

사이즈	one size
사용 실	푼토 어게인(100g/111m) 970g/875m
사용 바늘	8.0mm, 7.0mm
게이지(10×10cm)	11코 16단(8.0mm, 1코 2단 멍석뜨기)
난이도	★★★

Back

8.0mm 바늘, 손에 걸어
82코 코잡기.

고무뜨기 단 겉 3, (안 2,
겉 2) 3코 남을 때까지
반복, 안 2, 겉 1
고무뜨기를 반복해 13단
까지 뜹니다(겉면, 안면
동일).

14단부터 기호 도안을
110단까지 뜬 후 실을 자
르고 쉼코로 둡니다(코
막음 하지 않은 상태).
76단은 좌우에 표시해
둡니다(이후 앞판과 바
느질해 연결할 위치).

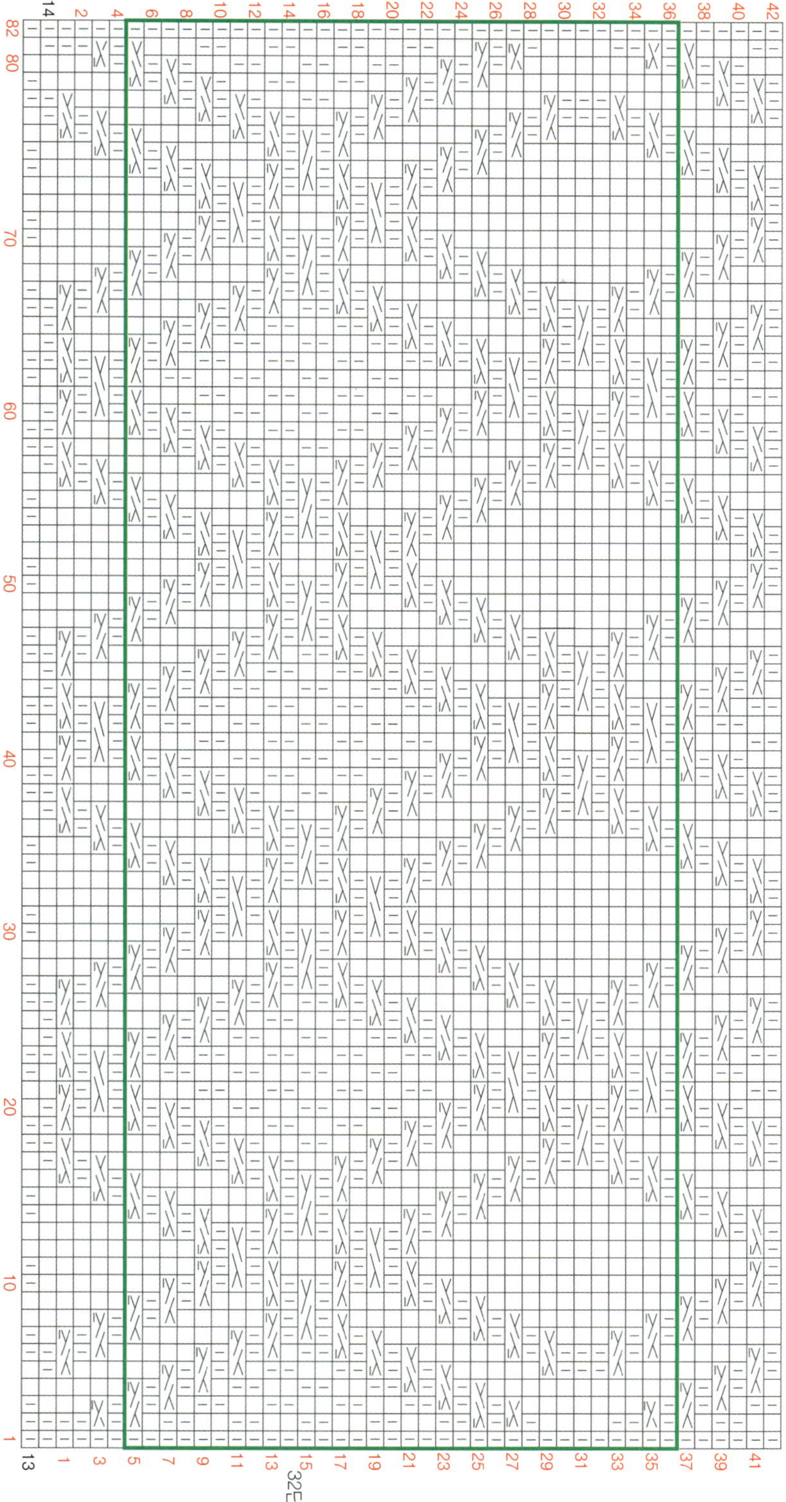

Left front

8.0mm 바늘, 손에 걸어 50코 코잡기.

고무뜨기 단　　　겉 3, (안 2, 겉 2) 3코 남을때까지 반복, 안 2, 겉 1

고무뜨기를 반복해 13단까지 뜹니다(겉면과 안면 동일).

14단(1코 증가)부터 아래 기호 도안에 맞춰 1~32단 무늬를 반복해 76단까지 뜹니다.

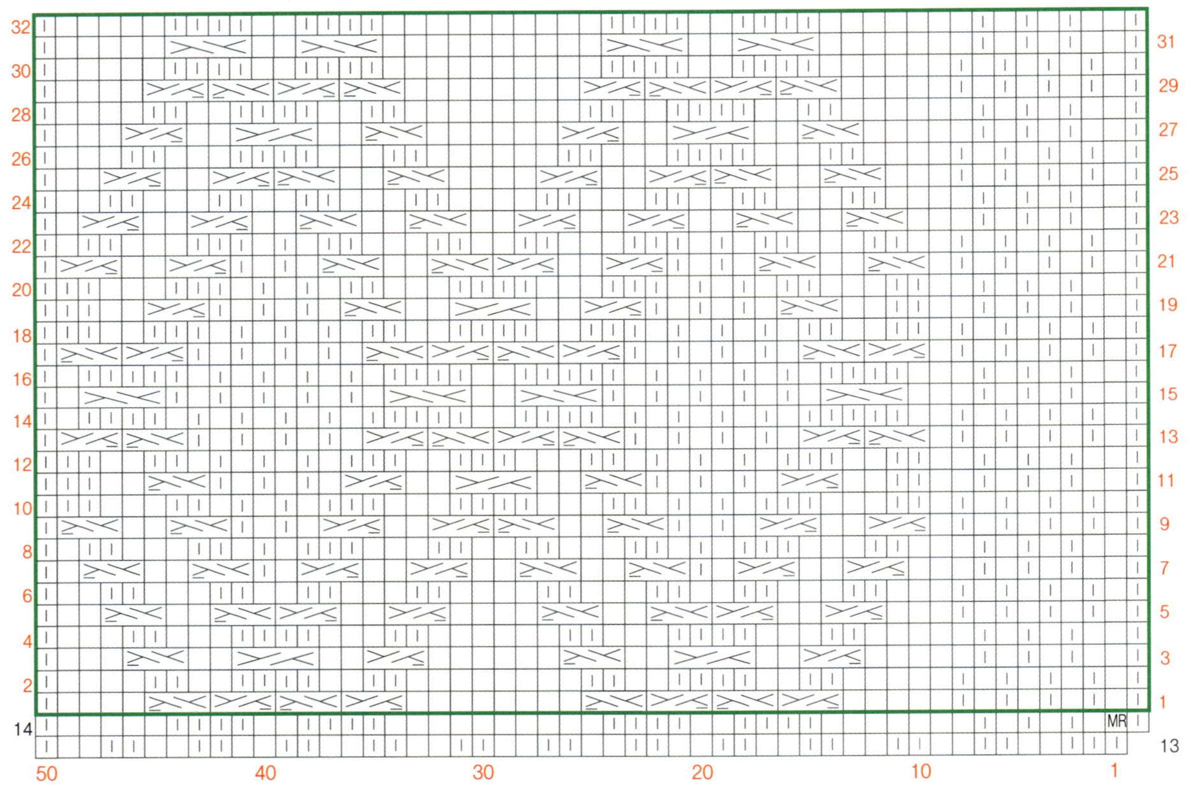

Right front

8.0mm 바늘, 손에 걸어 50코 코잡기.

고무뜨기 단   겉 3, (안 2, 겉 2) 3코 남을때까지 반복, 안 2, 겉 1

고무뜨기를 반복해 13단까지 뜹니다(겉면과 안면 동일).

14단(1코 증가)부터 아래 기호 도안에 맞춰 1~32단 무늬를 반복해 76단까지 뜹니다.

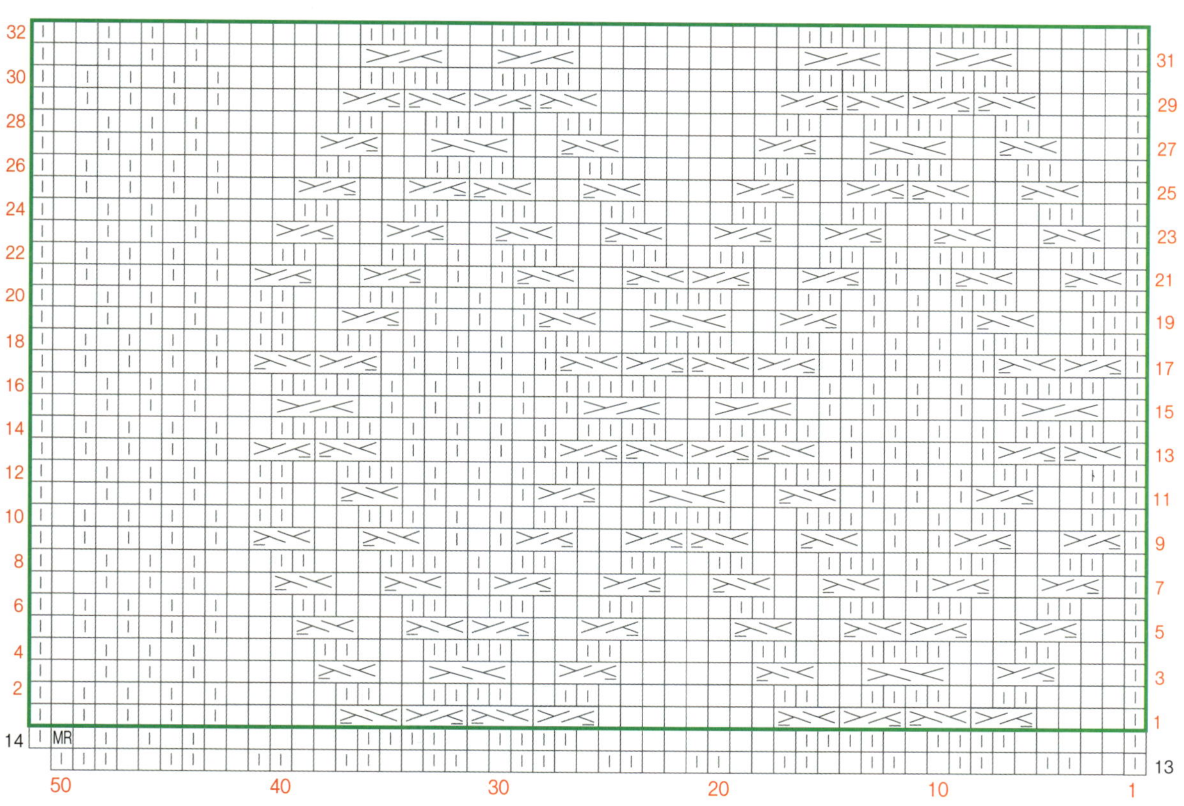

V neck

앞판 편물에 이어서 기호 도안을 따라 암홀 줄임과 넥라인 줄임을 하며 52단까지 무늬뜨기합니다.

가터뜨기 4단 뜬 후 뒤판과 겉면끼리 마주 대고 3-needle BO 합니다.

앞판과 뒤판의 옆면은 세로잇기로 76단까지 바느질해 연결합니다.

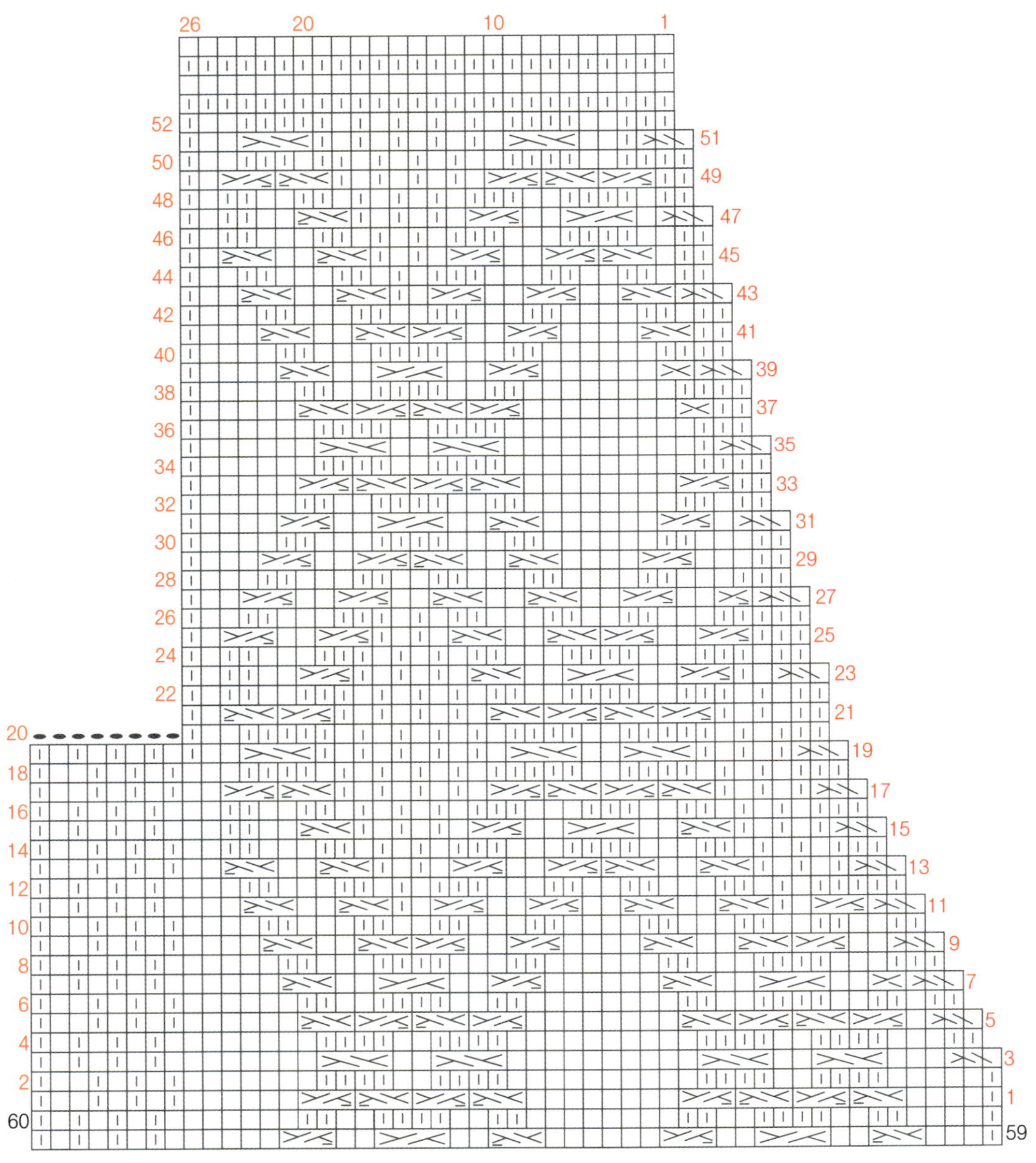

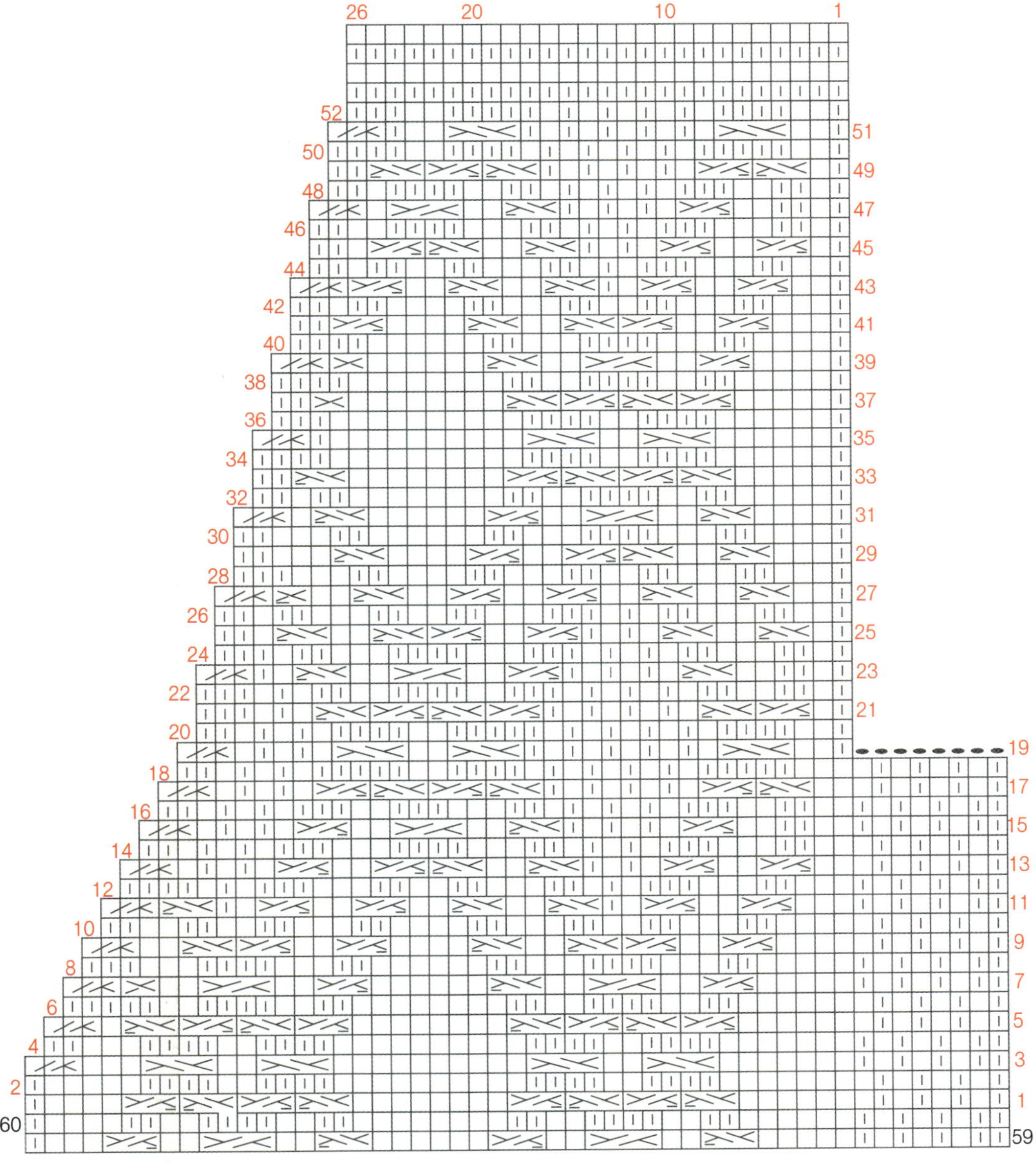

Sleeve

8.0mm 바늘, 앞판의 엎어코막음한 부분의 가운데에 실을 이어 시작합니다.

5코 중에 4코 줍기, 몸판에서 3단마다 2코 줍기(49코), 남은 코에서 3코 줍기.

총 56코, 계속해서 원통형으로 진행합니다.

2단	sm, 끝까지 안뜨기
3단	sm, 끝까지 겉뜨기
4단	2단과 동일
5~6단	sm, 안, (겉, 안) 1코 남을 때까지 반복합니다, 겉

계속해서 1코 2단 멍석무늬로 진행합니다. 아래 기호 도안을 따라 6단마다 코줄임 8회 합니다 (16코 감소). 총 40코.

줄임없이 1코 2단 멍석뜨기를 반복해 소매길이가 36cm 되는 위치까지 반복합니다.

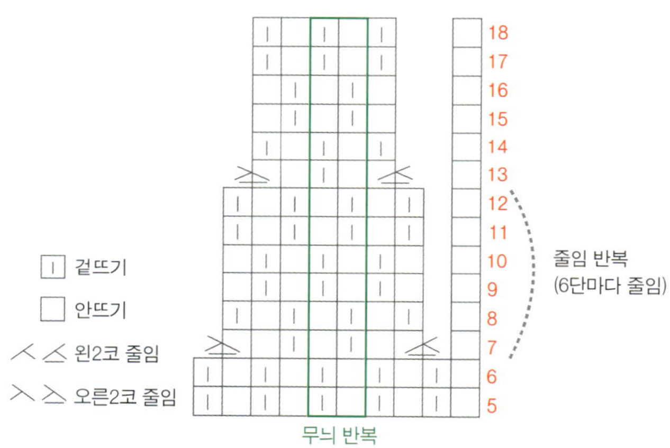

7.0mm 바늘을 바꾸어 진행합니다.

다음 단(40코)   sm, 끝까지 겉뜨기합니다.

2코 고무뜨기 단   sm, (겉 2, 안 2) 끝까지 반복합니다.

고무뜨기를 반복해 10단(7.5cm)까지 뜬 후 고무뜨기하며 엎어코막음합니다. 반대편 소매도 동일하게 뜹니다.

Neck band

오른쪽 앞판 고무단에서 실을 이어 뜹니다.

7.0mm 바늘로 앞판에서 4단마다 3코 줄기(96코), 쉼코로 둔 뒤판은 [k2tog, 겉 26, k2tog], 왼쪽 앞판에서 4단마다 3코줄기(96코), 총 220코

2단(안면)   안 3, (겉 2, 안 2) 1코 남을 때까지 반복, 안 1

3단(겉면)   겉 3, (안 2, 겉 2) 1코 남을 때까지 반복, 겉 1

2~3단을 반복해 6단까지 뜹니다. 다음 단은 겉면입니다.

전체 겉뜨기하며 엎어코막음합니다. 이때 느슨하게 코막음하세요.

단추 구멍은 따로 없는 디자인으로 옷핀이나 겉으로 여미는 단추를 달아줍니다.

Gemma Pouch

젬마 파우치

사이즈	① 가로	② 세로	③ 높이
one size	16.5	9.5	18

젬마 파우치는 올록볼록한 체크무늬가 포인트인 프레임 파우치입니다. 도톰한 실과 무늬가 전체적인 형태를 잘 잡아줍니다. 기법이 어렵게 느껴질 수 있지만, 무늬의 흐름을 따라 떠내면 생각보다 쉽게 할 수 있을 거예요! 마무리는 대바늘을 이용합니다.

사이즈	one size
사용 실	푼토 어게인(100g/111m) 2볼 200g/222m
사용 바늘	모사용 코바늘 8호(5.0mm), 10호(6.0mm), 7.0mm 대바늘
게이지(10×10cm)	14코 14단(코바늘 8호(5.0mm), 짧은뜨기)
난이도	★★★

Bottom

모사용 코바늘 8호(5.0mm)로 시작합니다.

바닥 1단　　사슬 13코 코잡기. 바늘에서 두 번째 사슬부터 짧은뜨기 12

바닥 2단　　사슬 1, 짧은뜨기 12

바닥 2단을 반복해 22단까지 뜹니다. 가로 16.5cm, 세로 9.5cm의 직사각형 편물이 완성됩니다.
아래 그림을 따라 직사각형 테두리를 뜹니다.

다음은 영상을 보면서 진행합니다.

참고 영상

진행 1　　사슬 1, 모든 단에 짧은뜨기 22, 모서리(기초 사슬코)에 짧은뜨기 3
　　　　　　(같은 코 자리)

진행 2　　기초 코에 짧은뜨기 10, 마지막 코에 짧은뜨기 3

진행 3　　모든 단에 짧은뜨기 21, 마지막 코에 짧은뜨기 3

진행 4　　모든 코에 짧은뜨기 11, 시작할 때 뜬 사슬코에 빼뜨기

다음단　　편물을 뒤집어 사슬 2, 긴뜨기 2, 늘리기, (긴뜨기 4, 늘리기)×13, 긴뜨기 3, 늘리기,
　　　　　　빼뜨기. 총 88코(사슬2 = 긴뜨기 1)

코바늘 10호(6.0mm)로 바꾸어 뜹니다.

1~3단   사슬 2, (앞걸어 한길 긴뜨기4, 뒤걸어 한길 긴뜨기4)×10, 앞걸어 한길4, 뒤걸어 한
길 3, 빼뜨기

4단   사슬 2, (이랑-한길 긴뜨기 4, 앞걸어-한길 4)×10, 이랑-한길4 , 앞걸어-한길 3, 빼뜨기

5~6단   사슬 2, (뒤걸어-한길 4, 앞걸어-한길 4)×10, 뒤걸어-한길 4, 앞걸어-한길 3, 빼뜨기

7단   사슬 2, (앞걸어-한길 4, 이랑-한길 4)×10, 앞걸어-한길 4, 이랑-한길 3, 빼뜨기

8~9단   무늬 2~3단과 동일

4~5단을 1회 더 반복합니다(10~11단).

7.0mm 대바늘, 7코 줍고 한코 거르기. 이때, 코의 앞실에서 코줍기 합니다. 바늘에 77코 걸려
있습니다.
[시작 마커, 전체 겉뜨기를 반복해 6단 뜹니다. 실은 60cm 정도 남기고 자릅니다.

메리야스 편물이 프레임을 감싸도록 하고 바늘에 걸린 코와 코를 줍고 남은 뒷실을 감침질로
연결합니다. 실을 자르고 정리합니다.

Honeycombhat

허니콤 햇

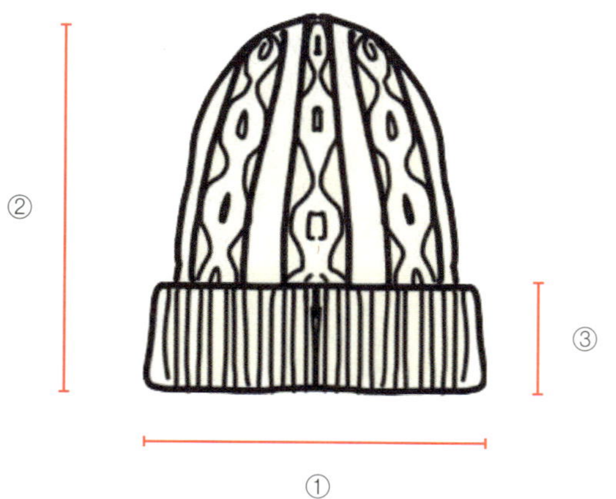

사이즈	① 가로 단면	② 전체 길이	③ 접힘부 길이
1	18	22.5	8
2	21	31	10
3	23	31	10

아란 무늬 중에 클래식한 무늬인 허니콤 무늬를 담은 비니입니다. 부드러운
질감에 무늬를 톡톡하게 보여주는 따소코 실이 무늬와 아주 잘 어울립니다.
심플하기도 클래식하기도한 비니로 흔하지 않은 모자예요.

사이즈	1/2/3
사용 실	따소코(100g/227m)
	59g/134m, 110g/252m, 123g/280m
사용 바늘	4.5mm 40cm 혹은 장갑바늘 4개
게이지(10×10cm)	20코 19단(4.5mm, 메리야스 무늬)
난이도	★★★

Start

4.5mm 40cm 바늘, 96/120/130코 주디스 매직CO(38쪽 참고) 코잡기.

원통형으로 진행합니다.

1코 고무뜨기 단 시작 마커(sm), (겉, 안)을 끝까지 반복합니다.

고무뜨기를 반복해 20/26/26단(8/10/10cm) 뜹니다. 이는 접히는 부분이니 원하는 경우 길이를 늘려도 됩니다.

아래 기호 도안을 따라 무늬뜨기합니다.

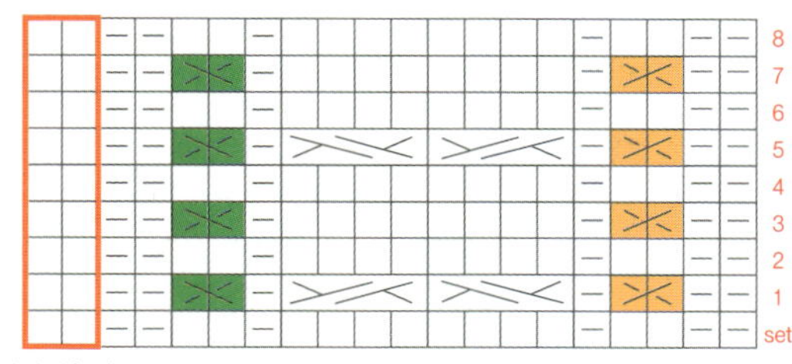

3/3/4회 반복

기호 도안이 무늬 반복의 1set입니다. 4/5/5회 반복합니다.

무늬뜨기(1~8단)을 반복해 30/40/48단(3.5/5/6회)까지 뜹니다.

Decrease

계속해서 무늬뜨기하며 코줄임 합니다. 코가 줄어드는 부분은 매직루프 방식(magic loop) 혹은 장갑 바늘을 이용합니다.

1단 [안 2, 왼 2코모아뜨기(k2tog), 안 1, 무늬 5/1/1단, 안 1, 오른 2코 모아뜨기(ssk), 안 2, k2tog, 겉 2/2/4, ssk]×4/5/5

2단 (안 2, 겉 1, 안 1, 겉 8, 안 1, 겉 1, 안 2, 겉 4/4/6)×4/5/5

3단 (안 2, p2tog, 겉 8, p2tog, 안 2, k2tog, 겉-/-/2, ssk)×4/5/5

4단 (안 3, 겉 8, 안 3, 겉 2/2/4)×4/5/5

5단 (p2tog, 안 1, 무늬 1/5/5단, 안 1, p2tog, 겉 2/2/4)×4/5/5

6단 (안 2, 겉 8, 안 2, 겉, 2/2/4)×4/5/5

1 size

7단	안 2, [(ssk, k2tog)×2, 안 1, k2tog, ssk, 안 1]
8단	안 1, 겉 4, 안 1, 겉 2
9단	안 1, k2tog, ssk, 안 1, k2tog
10단	안 1, 겉 2, 안 1, 겉 1

2 size

7~10단의 내용을 5회 반복합니다.

7단	안 2, [(k2tog, ssk)×2, 안 1, k2tog, ssk]
8단	안 1, 겉 4, 안 1, 겉 2
9단	안 1, ssk, k2tog, 안 1, k2tog
10단	안 1, 겉 2, 안 1, 겉 1

3 size

7~10단의 내용을 5회 반복합니다.

7단	안 2, (k2tog, ssk)×2, 안 2, k2tog ssk
8단	안 2, 겉 4, 안 2, 겉 2
9단	안 2, 왼 코 교차무늬(1×1), 오른 코 교차무늬(1×1), 안 1, k2tog, ssk
10단	안 1, 겉 4, 안 1, 겉 2

15cm 정도 여유 실을 두고 자릅니다. 돗바늘로 모든 코에 실을 통과시킨 후 당기고 자릅니다.
모든 실을 정리합니다.

k

Everyday Knit Styling

n

Everyday Knit Styling

i

Everyday Knit Styling

Everyday Knit Styling

t

Part 3

컬러가 살아있는
배색 니트

ANITA DESAI Fasting, Feasting
CHATTO & WINDUS

Mave Hoodie

메이브 후디

Ver. 1

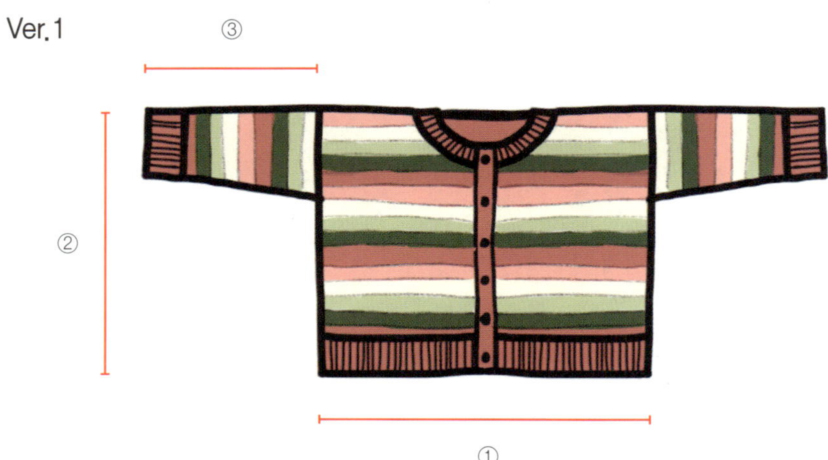

Ver. 2

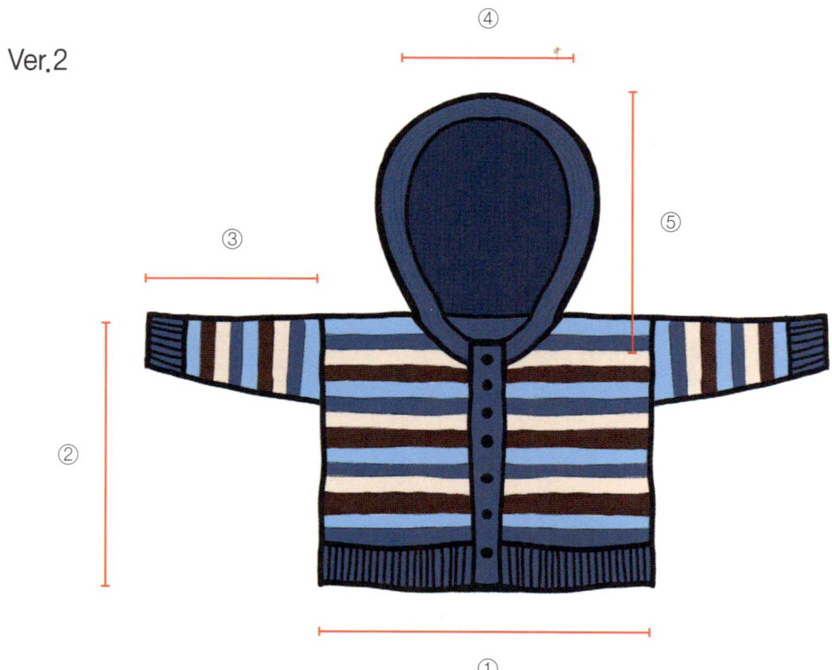

어느 영국 드라마에 나온 후디가 너무 예뻐서 떠봤어요. 색감도 영국 느낌이 나는 팔레트로 골라봤답니다. 여러 가지 색상이 사용되어 복잡해 보이지만, 무늬가 간단해 얼른 색상을 바꾸고 싶어질 거예요. 앞·뒤판을 한 번에 뜨기 때문에 코 수의 압박이 있을 수 있지만, 바느질을 안한다는 장점이 있기도 하지요! 후드를 진행하지 않고 넥밴드를 뜨면 가디건으로 만들 수 있어요.

사이즈	① 최대 단면	② 전체 길이	③ 어깨 너비	④ 모자 단면	⑤ 모자 길이
1	49	53	44		
2	52	55	44	25	38
3	55	61	47		
4	59	63	47		

사이즈 1/2/3/4

사용 실 블리스(50g/160m)

  Ver. 1(5가지 색상 배색)

   바탕실 120g/138g/160g/186g 필요

   배색실 60g/70g/80g/93g 씩 4가지 필요

  Ver. 2(4가지 색상 배색)

   바탕실 135g/153g/175g/200g 필요

   배색실 78g/92g/06g/124g씩 3가지 필요

   (후드에 100g정도 소요)

사용 바늘 4.5mm, 4.0mm, 3.5mm

게이지(10×10cm) 22코 32단(4.5mm, 무늬뜨기)

난이도 ★★★

Color chart

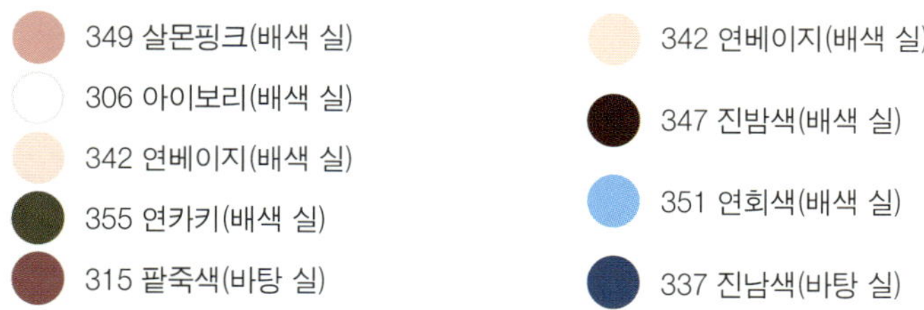

349 살몬핑크(배색 실) 342 연베이지(배색 실)

306 아이보리(배색 실) 347 진밤색(배색 실)

342 연베이지(배색 실) 351 연회색(배색 실)

355 연카키(배색 실)

315 팥죽색(바탕 실) 337 진남색(바탕 실)

Body

4.0mm 바늘, 바탕실, 주디스 매직 CO로 215/229/247/263코 코잡기.

홀수단(겉면) 겉, (겉, 안)을 2코 남을 때까지 반복, 겉 2

짝수단(안면) 안, (안, 겉)을 2코 남을 때까지 반복, 안 2

위의 2단을 반복해 16단(5cm)까지 뜹니다.

4.5mm 바늘로 바꾸어 무늬뜨기합니다. 바탕실로 2단까지 뜬 후 순서에 맞춰 색상을 바꿔뜹니다.

1단(겉면) 겉, m1r, 끝까지 겉뜨기. (216/230/248/264코)

2단(안면) (안 2, 겉 1) 2코 남을 때까지 반복, 안 2

3단(겉면) 끝까지 겉뜨기

2~3단을 반복해 28/30/34/36cm 혹은 원하는 길이까지 뜹니다. 색상은 6단마다 바꿉니다.

몸판 나누기

1단(겉면) 겉 49/52/54/58, 엎어코막음 6/6/8/8, 끝까지 겉

2단(안면) 49/52/54/58코까지 무늬 반복, 엎어코막음(안) 6/6/8/8, 남은 코 무늬뜨기

이렇게 몸판이 나누어집니다.

앞판 49/52/54/58코, 뒤판 109/114/124/131코, 앞판 49/52/54/58코.

이어서 실이 걸려있는 뒤판을 뜹니다. 무늬뜨기를 반복해 66/66/72/72단을 뜬 후 실을 자르고 쉼코로 둡니다.

Left front

엎어코막음한 몸판 왼쪽 겉면에 실을 이어 뜹합니다(49/52/54/58코). 색상 진행에 맞춰 계속해서 무늬뜨기로 38/38/44/44단을 뜹니다. 계속해서 앞목진동줄임합니다. 다음 단은 겉면입니다.

진동

1단(겉면) 전체 겉뜨기

2단(안면) 5/6/5/6코 엎어코막음

3단(겉면) 전체 겉뜨기

4단(안면)	2코 모아뜨기(안/p2tog), 2/3/2/3코 엎어코막음, 남은 코 무늬 맞춰 뜨기
	⇨ 3/4/3/4코 감소
5단(겉면)	전체 겉뜨기
6단(안면)	2코 모아뜨기(안/p2tog), 1코 엎어코막음, 남은 코 무늬 맞춰 뜨기
7단(겉면)	2코 남을 때까지 겉, 왼 2코 모아뜨기(k2tog)
8, 10단(안면)	바늘에 걸린 무늬뜨기
9단(겉면)	2코 남을 때까지 겉, 왼 2코 모아뜨기(k2tog)

2, 3사이즈의 경우

11단(겉면)	끝까지 겉
12, 14단(안면)	바늘에 걸린 무늬뜨기
13단(겉면)	2코 남을 때까지 겉뜨기, 왼 2코 모아뜨기(k2tog)

왼쪽 앞몸판의 앞목 진동을 완성했습니다. 바늘에 12/15/13/14코가 걸려있습니다. 줄임 없이 16/12/12/16단평 뜬 후 뒤판의 쉼코와 3-needle BO 합니다.

Right front

편물의 오른쪽 앞판을 뜹니다. 앞판 49/52/54/58코. 편물의 안쪽에서 실을 이어 시작합니다.
색상 진행에 맞춰 무늬뜨기로 39/39/45/45단까지 뜹니다.
계속해서 앞목 진동을 뜹니다. 다음은 겉면입니다.

진동

1단(겉면)	5/6/5/6코 엎어코막음, 끝까지 겉
2, 4, 6, 8, 10단(안면)	바늘에 걸린 무늬뜨기
3단(겉면)	오른2코 모아뜨기(ssk), 2/3/2/3코 엎어코막음, 끝까지 겉 ⇨ 3/4/3/4코 감소
5단(겉면)	오른 2코 모아뜨기(ssk), 1코 엎어코막음, 끝까지 겉
7단(겉면)	오른 2코 모아뜨기(ssk), 끝까지 겉
9단(겉면)	오른 2코 모아뜨기(ssk), 끝까지 겉

2, 3사이즈만

| **11단(겉면)** | 끝까지 겉 |
| **12, 14단(안면)** | 바늘에 걸린 무늬뜨기 |

13단(겉면)   오른 2코 모아뜨기(ssk), 끝까지 겉

앞목 진동이 끝났습니다. 아직 바늘에 12/15/13/14코가 걸려 있습니다. 줄임 없이 16/12/12/16단평 뜬 후 뒤판의 쉼코와 3-needle BO 합니다.

Sleeve

4.5mm 바늘로 겨드랑이의 엎어코막음으로 마무리한 곳에 실을 이어 뜹니다.
색상은 원하는 색으로 시작합니다. 몸판 색상순서와 반대 방향으로 진행하고 6단마다 색을 바꿔줍니다.

1단   감아코에서 3/3/4/4코 줄기, 몸판에서 3단마다 2코 줄기 반복, 어깨를 연결한
부분에서 1코, 남은 감아코 3/3/4/4코 줄기. 총 97/97/105/105코
2단   sm, 안, (겉 2, 안 1) 2코 남을 때까지 반복, 겉 2
3단   sm, 안, 끝까지 겉뜨기

2~3단을 반복해 10/10/12/12단까지 뜹니다. 다음은 홀수단입니다.

줄임 단(홀수단)   sm, 왼 2코 모아뜨기(k2tog), 2코 남을 때까지 겉, 오른 2코 모아뜨기(ssk)
다음단(짝수단)   sm, 안, (겉 2, 안 1) 2코 남을 때까지 반복, 겉 2

2~3단을 반복해 10/12/10/12단을 뜬 후 줄임 단과 다음 단을 반복합니다. 줄임 단은 10/9/10/9회 반복합니다.
줄이고 나면 바늘에 77/79/85/87 코가 걸려있습니다.
4.0mm 바늘로 바꾸어 코줄임 합니다.

1사이즈(77코)   [겉, k2tog, (겉 2, k2tog)×2]×7 ⇨ 56코
2사이즈(79코)   (겉, k2tog, 겉 2, k2tog)×9, (겉, k2tog)×4, 겉 2, k2tog ⇨ 56코
3사이즈(85코)   (겉 2, k2tog, 겉, k2tog)×11, (겉, k2tog)×2, k2tog ⇨ 60코
4사이즈(87코)   [겉 2, k2tog, (겉, k2tog)×3, 겉 2, k2tog, (겉, k2tog)×4]×3 ⇨ 60코
1코 고무뜨기 단   sm, (겉, 안) 끝까지 반복

고무뜨기를 반복해 18단(6.5cm)까지 뜹니다.

더블니팅 1단   sm, (겉, 실 앞에 두고 걸러뜨기) 끝까지 반복
더블니팅 2단   sm, (실 뒤에 두고 걸러뜨기, 안) 끝까지 반복

손목 둘레의 2~3배 길이로 실을 자릅니다. 고무뜨기로 돗바늘마무리합니다. 실을 정리합니다.
반대편 소매도 동일하게 뜹니다.

Hoodie button band

후드 버전은 버튼밴드를 먼저 뜨고 모자를 뜹니다.

1단   3.5mm 바늘, 왼쪽 앞판 넥밴드에 실을 이어 고무단 방향으로 3단마다 2코 줍기 합니다. 총 코 수는 홀수가 되도록 합니다.

2단(안면)   겉, (안, 겉) 끝까지 반복

2단을 반복해 14단까지 뜹니다. 다음 단은 겉면입니다. 감아코 2, 겉 2, 왼바늘로 오른 바늘의 2코 옮기기

아이코드 엣징 단   겉 1, 꼬아-모아뜨기(k2tog tbl), 왼 바늘로 오른 바늘의 2코 옮기기

아이코드 엣징을 왼 바늘의 모든 코에 반복합니다. 실을 자르고 남은 2코에 통과시켜 마무리합니다.

3.5mm 바늘, 바탕실, 오른쪽 앞판 고무단에 실을 이어 넥밴드 방향으로 3단마다 2코 줍기를 반복합니다. 총 코 수가 홀수가 되도록 합니다.

2단(안면)   겉, (안, 겉) 끝까지 반복

2단의 내용을 반복해 14단까지 뜹니다. 다음 단은 겉면입니다.

감아코 2, 겉 2, 왼 바늘로 오른 바늘의 2코 옮기기

아이코드 엣징 단   겉 1, 꼬아-모아뜨기(k2tog tbl), 왼 바늘로 오른 바늘의 2코 옮기기

아이코드 엣징을 왼 바늘의 모든 코에 반복합니다.

Hoodie

4.0mm 바늘, 바탕실, 오른쪽 앞판 버튼밴드에 실을 이어 시작합니다.

편물 겉면에서 코줍기할 때 안쪽에 여분의 바늘을 대고 안쪽에서도 코를 만들어줍니다. 버튼밴드에서 8코 줍기, 오른쪽 앞판 경사 부분까지 모든 코줍기(4단마다 코줄임한 사이 단에서도 모두 줍기), 평단 부분은 3단마다 2코 줍기 반복, 뒤판에서 3코마다 2코줍기 반복, 왼쪽 앞판 평단에서 3단마다 2코 줍기, 경사 부분에서 모든 코줍기, 왼쪽 버튼밴드에서 8코 줍기, 마지막 안쪽 바늘 코는 감아코로 만듭니다.

총 코 수가 홀수가 되도록 합니다. 안쪽과 바깥의 바늘에 같은 코 수가 걸려 있습니다. 더블 니팅하며 한 바늘로 옮겨 뜹니다.

2단(안면)   (안쪽바늘에 겉 1, 바깥 바늘에 실 앞에 두고 걸러뜨기(sl yf)) 안쪽바늘 모든 코에 반복

3단(겉면)   (겉 1, sl yf) 끝까지 반복

3단을 반복해 7단까지 뜹니다. 다음 단은 안면입니다.

4.5mm 바늘로 바꾸어 꼬아 2코 모아뜨기를 끝까지 반복합니다. 독일식 경사뜨기(German short row)로 '앞목'을 만듭니다.

경사 1단(겉면)   겉 2, (겉, 안)×3, m, 겉 9

경사 2단(안면)   ds, 안 2, (겉, 안 2) 마커까지 반복, m, (안, 겉)×3, 안 2

경사 3단(겉면)   sl yb, 겉, (겉, 안)×3, m, ds코까지 겉, 겉 6

경사 4단(안면)   ds, 안 2, (겉, 안 2) 마커까지 반복, m, (안, 겉)×3, 안 2

경사 5단(겉면)   sl yb, 겉, (겉, 안)×3, m, ds코까지 겉, 겉 3

경사 6단(안면)   ds, 안 2, (겉, 안 2) 마커까지 반복, m, (안, 겉)×3, 안 2

5~6단을 1회 더 반복합니다. 다음 단은 겉면입니다.

9단(겉면)   sl yb, 겉, (겉, 안)×3, m, 8코 전까지 겉, m, (안, 겉)×3, 겉 2

10단(안면)   sl yf, 안, (겉, 안)×3, m, (안 2, 겉 1)×3

11단(겉면)   ds, 마커까지 겉, m, (안, 겉)×3, 겉 2

12단(안면)   sl yb, 안, (겉, 안)×3, m, (안 2, 겉 1)×5

13단(겉면)   11단 반복

14단(안면)   sl yb, 안, (겉, 안)×3, m, (안 2, 겉 1)×6

15단(겉면)   11단 반복

16단(안면)   sl yb, 안, (겉, 안)×3, m, (안 2, 겉 1)×7

17단(겉면)   11단 반복

18단(안면)   sl yf, 안, (겉, 안)×3, m, 안 2, (겉, 안 2) 다음 마커까지 반복(코가 부족할 경우 늘립니다), m, (안, 겉)×3, 안 2

19단(겉면)   sl yb, 겉, (겉, 안)×3, m, 다음 마커까지 겉, m, (안, 겉)×3, 겉 2

20단(안면)   sl yf, 안, (겉, 안)×3, m, 안 2, (겉, 안 2) 다음 마커까지 반복, m, (안, 겉)×3, 안 2

19~20단을 3회 더 반복합니다(21~26단).

27단(겉면)   sl yb, 겉, (겉, 안)×3, m1, 겉 27, m2, 다음 마커까지 겉, m4, (안, 겉)×3, 겉 2

28단(안면)   sl yf, 안, (겉, 안)×3, m4, (안 2, 겉)×9, m3, 안 2, (겉, 안 2) m1까지 반복, m1, (안, 겉)×3, 안 2

늘림 1단(겉면)   sl yb, 겉, (겉, 안)×3, m1, 다음 마커까지 겉, M1R, m2, 다음 마커까지 겉, m3, M1L, 다음 마커까지 겉, m4, (안, 겉)×3, 겉 2

2단(안면)	sl yf, 안, (겉, 안)×3, m4, 다음 마커까지 (안 2, 겉) 반복, 안, m3, 안 2, 다음 마커까지 (겉, 안 2) 반복, m2, 안, 다음 마커까지 (겉, 안 2) 반복, m1, (안, 겉)×3, 안 2
3단(겉면)	sl yb, 겉, (겉, 안)×3, m4까지 마커 넘기며 겉, m4, (안, 겉)×3, 겉 2
4단(안면)	2단 반복
5단(겉면)	1단 반복
6단(안면)	sl yf, 안, (겉, 안)×3, m4, 다음 마커까지 (안 2, 겉) 반복, 안 2, m3, 안 2, 다음 마커까지 (겉, 안 2) 반복, m2, 안 2, 다음 마커까지 (겉, 안 2) 반복, m1, (안, 겉)×3, 안 2
7단(겉면)	sl yb, 겉, (겉, 안)×3, m4까지 마커 넘기며 겉, m4, (안, 겉)×3, 겉 2
8단(안면)	6단 반복
9단(겉면)	1단 반복
10단(안면)	sl yf, 안, (겉, 안)×3, m4, 안 2, m1까지 (겉, 안 2) 반복, m1, (안, 겉)×3, 안 2
11단(겉면)	sl yb, 겉, (겉, 안)×3, m4까지 마커 넘기며 겉, m4, (안, 겉)×3, 겉 2
12단(안면)	10단 반복
늘림 13단(겉면)	sl yb, 겉, (겉, 안)×3, m1, 다음 마커까지 겉, M1R, m2, 다음 마커까지 겉, m3, M1L, 다음 마커까지 겉, m4, (안, 겉)×3, 겉 2
14단(안면)	sl yf, 안, (겉, 안)×3, m4, 다음 마커까지 (안 2, 겉) 반복, 안, m3, 안 2, 다음 마커까지 (겉, 안 2) 반복, m2, 안, 다음 마커까지 (겉, 안 2) 반복, m1, (안, 겉)×3, 안 2
15단(겉면)	13단 반복
16단(안면)	sl yf, 안, (겉, 안)×3, m4, 다음 마커까지 (안 2, 겉) 반복, 안 2, m3, 안 2, 다음 마커까지 (겉, 안 2) 반복, m2, 안 2, 다음 마커까지 (겉, 안 2) 반복, m1, (안, 겉)×3, 안 2
17단(겉면)	13단 반복
18단(안면)	sl yf, 안, (겉, 안)×3, m4, 안 2, m1까지 (겉, 안 2) 반복, m1, (안, 겉)×3, 안 2

13~18단을 1회 더 반복합니다. m2, m3은 제거합니다. 다음 단은 겉면입니다.

다음단(겉면)	sl yf, 안, (겉, 안)×3, m, 마커까지 겉, m, (안, 겉)×3, 안 2
다음단(안면)	sl yf, 안, (겉, 안)×3, m, 안 2, 마커까지 (겉, 안 2) 반복, m, (안, 겉)×3, 안 2

위의 2단을 반복해 20cm 혹은 원하는 길이까지 뜹니다. 다음 단은 마무리를 위한 겉면입니다. 겉면끼리 마주 대고 3-neelle BO합니다. 실을 자르고 정리합니다.

지퍼가 버튼밴드부터 모자 시작 지점 전까지 위치하도록 바느질합니다.

Neck band

4.0mm 바늘, 바탕실, (입었을 때)오른쪽 앞판에 실을 이어 시작합니다.

경사뜨기 부분 모든 코줄이기(4단마다 코줄임한 부분은 단에서도 모든 코줄이기), 평단에서 3단마다 2코줄이기, 뒷목에서 3코마다 2코줄이기, 왼쪽앞판평단에서 3단마다 2코줄이기, 앞판 경사 부분에서 모든 코줄이기. 총 /80/82/코 혹은 짝수 코 수여야 합니다.

2단(안면)　　　　안 2, (겉, 안)을 1코 남을 때까지 반복, 안

3단(겉면)　　　　겉 2, (안, 겉)을 1코 남을 때까지 반복, 겉

2~3단을 반복해 8단까지 뜹니다. 다음 단은 겉면입니다.

더블니팅 1단(겉면)　　겉 2, (sl yf, 겉)을 1코 남을 때까지 반복, 겉

더블니팅 2단(안면)　　안, (sl yf, 겉)을 2코 남을 때까지 반복, sl yf, 안

목둘레의 2~3배 여유 실을 두고 자릅니다. 1코 고무뜨기 돗바늘마무리합니다.

Button band

1단　　　　　　　3.5mm 바늘, 바탕실, 왼쪽 앞판 넥밴드에 실을 이어 고무단 방향으로 3단마다 2코 줄기 반복

2단(안면)　　　　　(겉, 안) 끝까지 반복

2단을 반복해 15단까지 뜹니다. 다음 단은 안면입니다. 전체 겉뜨기하며 엎어코막음합니다.

3.5mm 바늘, 바탕실, 오른쪽 앞판 고무단에 실을 이어 넥밴드 방향으로 3단마다 2코 줄기 반복

2단(안면)　　　　　(겉, 안) 끝까지 반복

2단을 반복해 6단까지 뜹니다. 다음 단은 겉면입니다.

단춧구멍을 만들기 위해 단추 위치를 표시합니다. 넥밴드 방향에서 4코 안쪽에 첫 번째 단춧구멍(2코) 위치를 표시하고, 12/14코 간격으로 단춧구멍 위치를 마커로 표시합니다.

7단(겉면)　　　　겉, [마커까지 (안, 겉) 반복, 바늘비우기, k2tog]를 단추 개수만큼 반복, 끝까지 1코 고무뜨기

8단(안면)　　　　겉, (안, 겉) 끝까지 반복(바늘비우기 코는 끌어올리기-걸러뜨기와 바늘비우기를 같이 합니다).

14단까지 2단을 반복합니다. (끌어올리기 된 코는 무늬에 맞춰 한 번에 뜹니다). 다음 단은 겉면입니다.

감아코 2, 겉 2, 왼 바늘로 오른 바늘 2코 옮기기
아이코드 엣징 단 겉, 꼬아 2코 모아뜨기(k2tog tbl) 왼 바늘의 모든 코에 반복합니다.
실을 잘라 오른 바늘 2코에 통과시켜 고정하고 정리합니다. 단춧구멍에 맞춰 단추를 달아줍니다.

Aurora Cardigan

오로라 가디건

사이즈	① 가로 단면	② 전체 길이	③ 소매 길이
one size	60	75	70

오로라 가디건은 그레이디언트 실로 배색 무늬를 뜨는 가디건 입니다. 오로라처럼 색이 자연스럽게 이어지는 그레이디언트에 눈꽃이나 별을 만들어주는 가로 배색 디자인으로 그레이디언트 때문에 큰 어려움 없이 색상 배색을 느낄 수 있습니다. 기본적인 탑다운 래글런 구조이지만, 가로 배색이라는 테크닉이 필요하기 때문에 스와치로 연습해보고 시작할 것을 추천해요!

사이즈	one size
사용 실	라나골드 그레이디언트(100g/240m) 400g/960m, 라나골드(100g/240m) 135g/324m
사용 바늘	5.5mm, 5.0mm
게이지(10×10cm)	11코 16단(5.5mm, 메리야스 뜨기)
난이도	★★★★

Swatch

5.5mm 바늘, 바탕실로 손에 걸어 31코 코잡기

다음 단(안면)   전체 겉뜨기

배색무늬로 1~15단까지 뜹니다(배색실의 간격이 5코 이상일때 중간 위치에 실을 한번 걸어줘야 합니다). 다음 단은 안면입니다.

전체 겉뜨기하며 엎어코막음합니다.

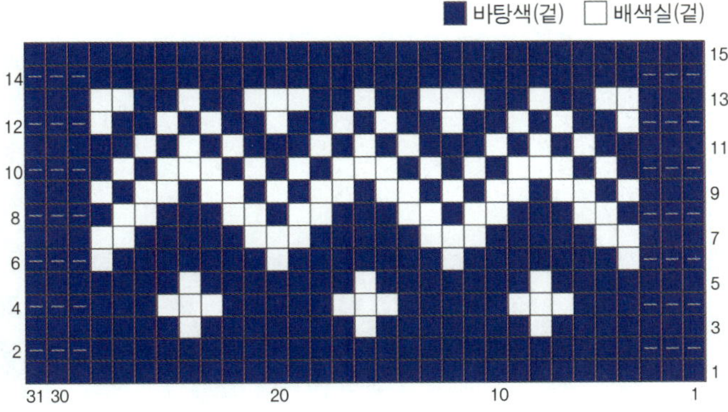

가볍게 물세탁 혹은 스팀 작업 후 배색의 장력을 확인합니다.

Body

5.5mm 바늘, 바탕실, 손에 걸어 54코 코잡기

다음 단(안면)   안 2, 마커(m), 안 10, m, 안 30, m, 안 10, m, 안 2

1단(겉면)   (마커까지 겉, LLI, m, RLI)×4, 끝까지 겉

2단(안면)   마커 넘기며 모두 안

3단(겉면)   1단과 동일

4단(안면)   마커 넘기며 모두 안

5단(겉면)   겉 2, M1L, (마커까지 겉, LLI, m, RLI)×4, 2코 남을 때까지 겉, M1R, 겉 2

6단(안면)   마커 넘기며 모두 안

1~6단을 2회 더 반복합니다(7~18단, 총 3회).

왼쪽 앞판 14코/소매 28코/뒤판 48코/소매 28코/오른쪽 앞판 14코, 총 132코.

왼쪽, 뒤판, 오른쪽 순서로 기호 도안을 따라 배색과 늘림 합니다.

Left

소매 코 쉼코로 옮기기

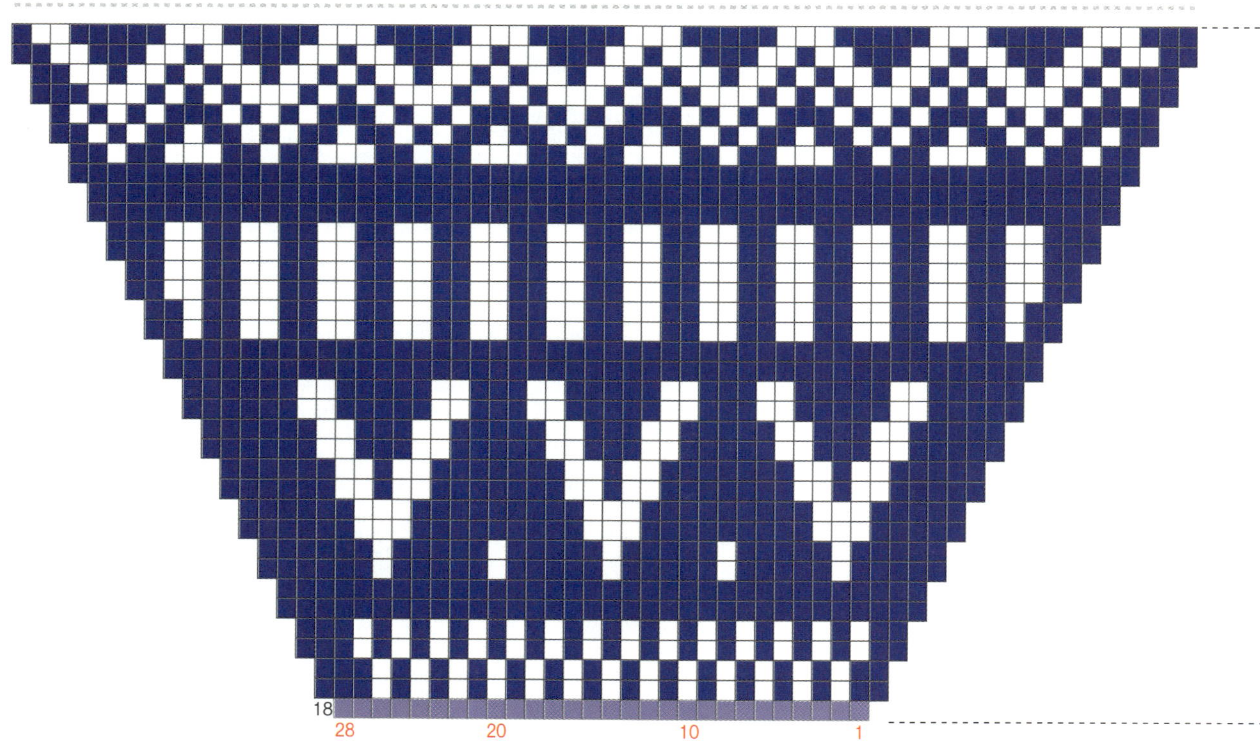

소매 코 쉼코로 옮기기

Back

Right

18
28
20
10
1

Body

소매 분리 후 몸판은 잠시 쉼코로 두고 양쪽 소매의 색상 진행을 동일하게 하고 나머지 실로 몸판을 완성합니다(이것은 권장 사항이고 필수는 아닙니다).
5.0mm 바늘로 바꿔 배색 없이 메리야스뜨기 18~20cm 혹은 원하는 길이만큼 뜹니다(이후 배색무늬 + 고무단 = 약 18cm).

메리야스뜨기가 끝난 후 다시 5.5mm 바늘로 진행합니다. 다음 배색 도안에 맞춰 뜹니다.

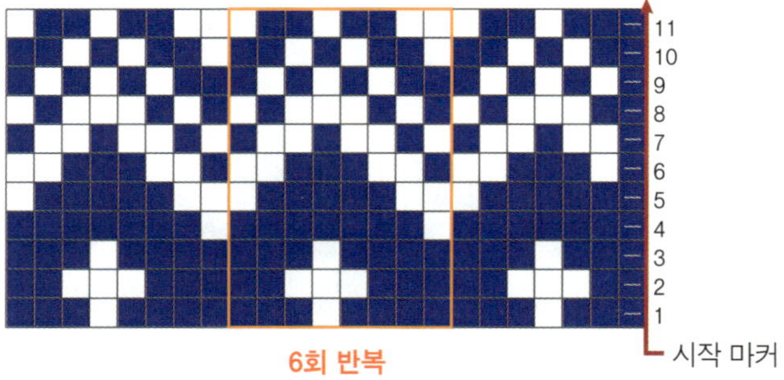

다음 단은 안면입니다. 5.0mm 바늘로 바꾸어 전체 안뜨기하며 고르게 3코(p2tog) 줄입니다.

2코 고무뜨기 1단(겉면) 겉 3, (안 2, 겉 2)를 1코 남을 때까지 반복, 겉 1
2단(안면) 안 3, (겉 2, 안 2)를 1코 남을 때까지 반복, 안 1

1~2단을 반복해 18단(7cm)을 뜬 후 겉면에서 고무뜨기하며 엎어코막음합니다. 이때 느슨하게 마무리합니다. 실을 자르고 정리합니다.

Sleeve

겨드랑이 감아코에 실을 이어 시작합니다. 바탕실, 5.5mm 바늘, 감아코 중 5번째 코부터 5코줍기, 옮겨둔 소매코를 뜨되 배색 무늬를 뜹니다. 남은 감아코에서 4코 줍기. 배색실은 자르고 바탕실로 나머지 소매 줄임을 진행합니다. 총 71코

5.0mm 바늘로 바꾸어 원통형으로 진행합니다.

2~13단 시작 마커(sm), 안 1, 끝까지 겉
14단(줄임단) sm, 안 1, 왼 2코 모아뜨기(k2tog), 2코 남을 때까지 겉, 오른 2코 모아뜨기(ssk)

1~14단을 총 4회 반복합니다(총 8코 감소, 63코). 2단을 6회 혹은 복숭아뼈 위치까지 뜹니다.
배색실을 이어 다음 배색 도안(1~11단)을 뜹니다.

전체 겉뜨기 2단을 뜬 후 배색실로 바꾸어 진행합니다.

세팅 단(배색실)   sm, (겉 19, k2tog)×3 ⇨ 60코
2코 고무뜨기 단   sm, (안 2, 겉 2) 끝까지 반복
고무뜨기로 18단을 뜬 후 2코 고무뜨기로 무늬뜨며 엎어 코막음합니다. 실을 자르고 정리합니다.
반대편 소매도 동일하게 뜹니다.

Band

5.0mm 바늘, 오른쪽 몸판의 고무단에 배색실을 이어 코를 줍습니다.
다음 그림을 참조해 코를 주워줍니다. 총 260코.

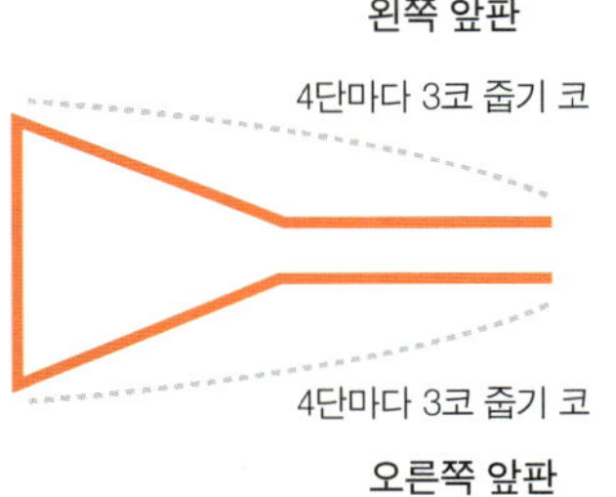

2단(안면)   안 3, (겉 2, 안)을 1코 남을 때까지 반복, 안 1
3단(겉면)   겉 3, (안 2, 겉 2)를 1코 남을 때까지 반복, 겉 1
4단(안면)   2단과 동일
5단(겉면)   겉 2, [ssk, 바늘비우기, k2tog, 겉 1, (안 2, 겉 2)×2, 안 2, 겉 1]×3, ssk, 바늘비우기,
k2tog, 겉 1, (안 2, 겉 2) 1코 남을 때까지 반복, 겉 1
6단(안면)   2단과 동일(바늘비우기는 겉뜨기하고 M1L 합니다)
2~3단을 반복해 10단까지 뜹니다. 다음 단은 겉면입니다.
모든 코 겉뜨기하며 엎어코막음합니다. 이때 느슨하게 마무리합니다. 실을 잘라 정리합니다.

Hera bustier

헤라 뷔스티에

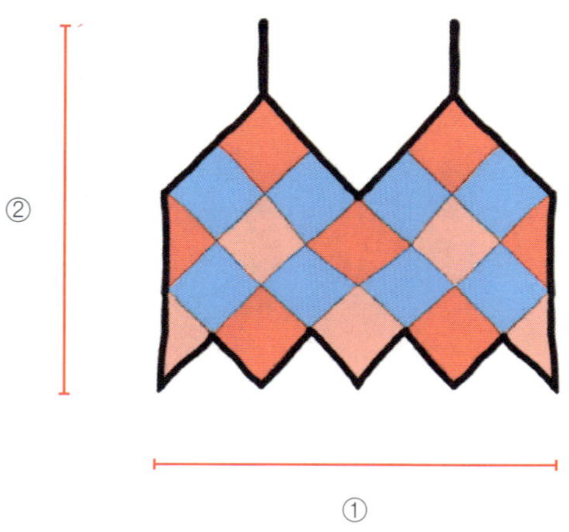

사이즈	① 가로 단면	② 전체 길이
one size	47	45

나비를 닮은 모티브를 여러 장 연결하고 배색으로 포인트를 준 뷔스티에입니다. 같은 모티브라도 색상만 달리해주면 다른 분위기를 만들어 낸답니다. 뷔스티에로 디자인했지만, 모티브를 더 많이 떠 연결하면 원피스로 매치할 수 있어요.

사이즈	one size
사용 실	헤라 코튼(45g/150m) 바탕실 2볼, 배색실 각 1볼 씩
사용 바늘	모사용 코바늘 4호(2.5mm)
게이지 모티브	가로×세로 6.5cm(코바늘 4호 모티브 뜨기)
난이도	★★★

Motive

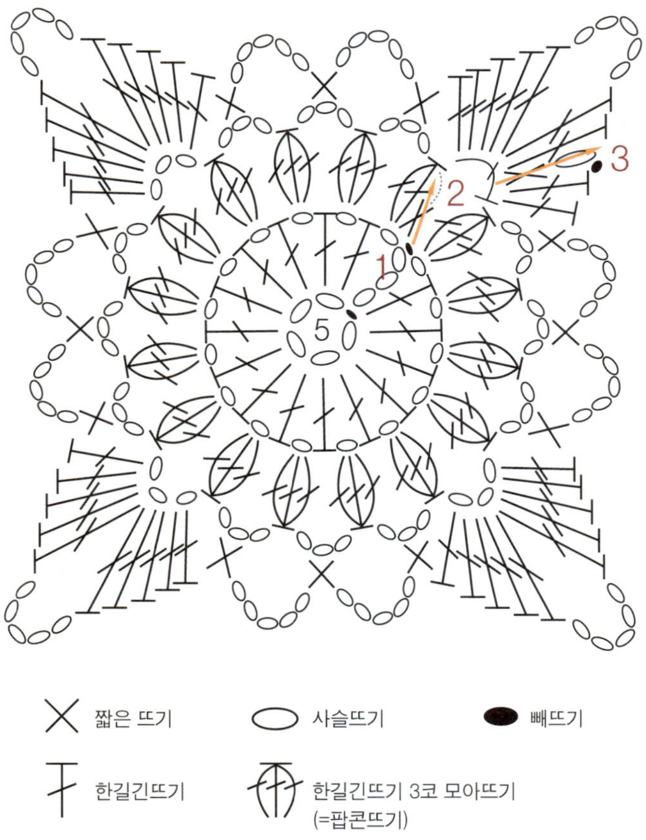

✕ 짧은 뜨기	⬭ 사슬뜨기	⬬ 빼뜨기
⊤ 한길긴뜨기	⍐ 한길긴뜨기 3코 모아뜨기 (=팝콘뜨기)	

Color chart

◆ - 바탕 실
◆ ⊃ 배색 실

Body

모사용 코바늘 4호(2.5mm), 배색실(2가지 색상)으로 모티브 12장씩, 총 24장 먼저 완성합니다.

바탕색 모티브는 뜨면서 연결합니다.

배색 전개도에 맞게 모티브를 연결합니다. 연결 방법은 영상을 참조하세요.

(모티브와 모티브를 연결할 때는 3단에서 5코 사슬뜨기 중 3번째에서 빼뜨기)

참고 영상

Strap 1

1단 코바늘 4호(2.5mm), 바탕실, 시작 위치에 실을 이어 기호 도안에 맞춰 몸판에 코를 만듭니다. 어깨끈 이 되는 사슬 55코 혹은 원하는 길이만큼 만 든 후 시작 위치에 빼뜨기합니다.

2단 사슬 1, 1단의 모든 사슬에 짧은뜨기 합니다(이때 구멍이 되는 몸판에 는 코가 아니라 감싸듯 뜹니 다. 사슬의 개수만큼 짧 은뜨기합니다). 끝 까지 뜬 후 빼 뜨기.

3단 사슬 1, 짧은뜨기 1, (3번째 코에 한길 긴뜨기 6, 2코 건너 세 번째 코에 짧 은뜨기)*13, 어깨끈이 시작되기 전 에 끝나도록 합니다. 실을 자르고 정리 합니다.
반대편 암홀도 동일하게 진행합니다.

Strap 2

1단 코바늘 4호(2.5mm), 바탕실, 시작 위치에 실을 잇고 기호 도안에 맞춰 몸판에 코를 만듭니다. 짧은뜨기가 떠 있는 어깨끈의 사슬코에 모두 짧은뜨기하고 반대편 몸판도 동일하게 기호 도안을 뜹니다. 시작한 부분에 빼뜨기.

2단 사슬 1, 암홀과 동일하게 사슬에 같은 수만큼 짧은뜨기합니다. 어깨끈은 모든 코에 짧은뜨기합니다. 반대편도 동일하게 뜹니다. 빼뜨기.

3단 사슬 1, 짧은뜨기 1, (3번째 코에 한길 긴뜨기 6, 2코 건너 세 번째 코에 짧은뜨기)×13, 어깨끈이 시작되기 전에 끝나도록 합니다. 실을 자르고 정리합니다.

반대편 암홀도 동일하게 진행합니다.

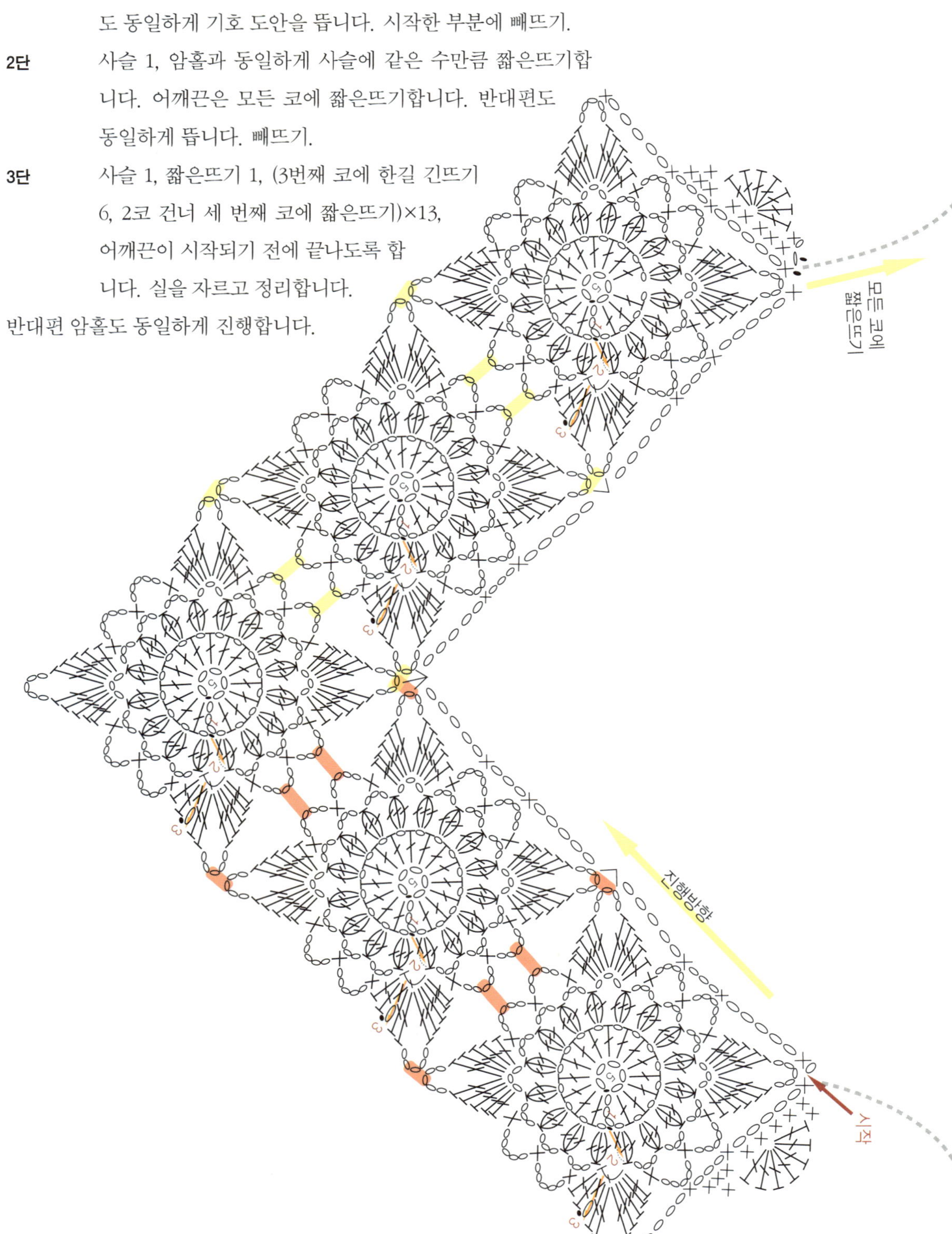

초판 한정
이벤트
서술 도안 증정

Jelly fish Hat

젤리피쉬햇

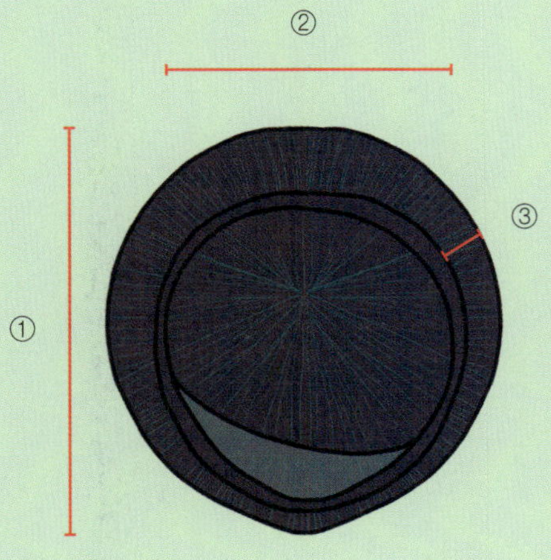

사이즈	① 최대 단면	② 내부 직경	③ 옆면 길이
one size	28	17	6

한 가지 무늬를 계속해서 평면으로 뜨는데 이를 모아주면 익숙한 베레모가 됩니다. 뜨는 방식은 기본적인 가터뜨기이고 되돌아뜨기를 반복해 우리가 알던 모자를 만들어 줍니다. 편물의 진행이 이상해 보일 수 있지만, 그 또한 포인트가 됩니다.

사이즈	one size
사용 실	아임울4 + 반딧불이 150m
사용 바늘	5.0mm, 4.5mm
게이지(10×10cm)	19코 26단(5.0mm바늘, 메리야스뜨기)
난이도	★

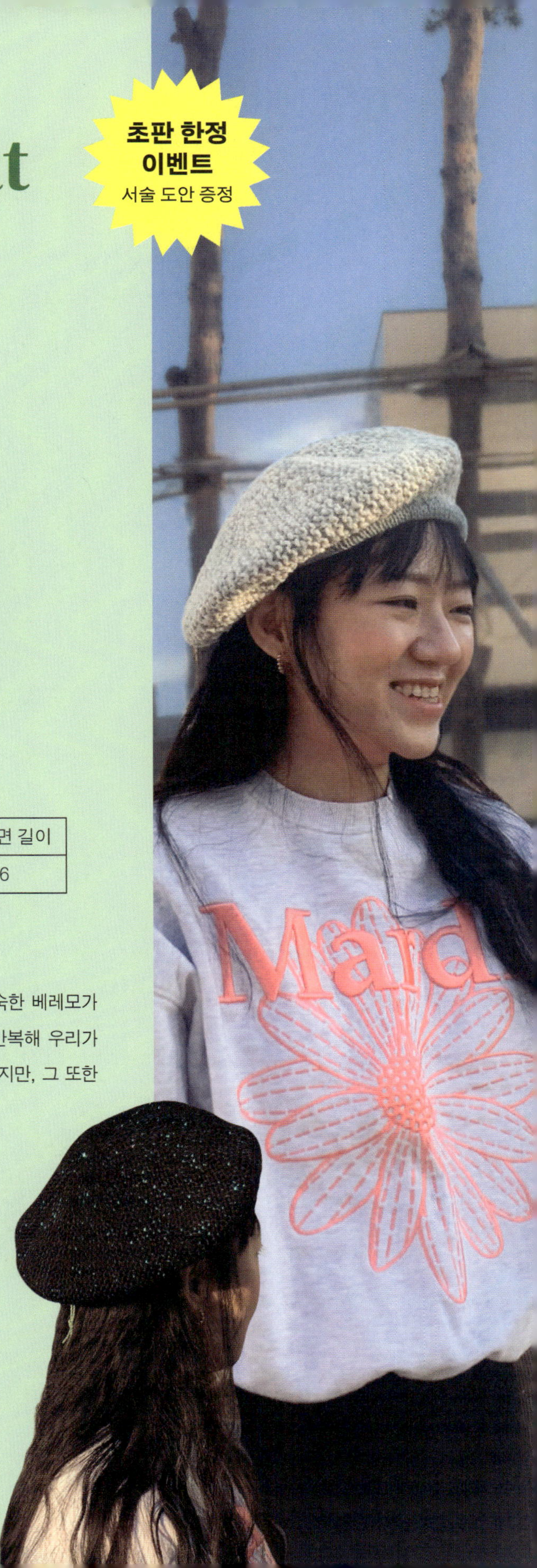

Main

바탕실, 5.0mm바늘 2개, 주디스 매직 CO, 각각 36코 코잡기. 편물을 뒤집어 진행합니다.

1단   한쪽 바늘만 전체 겉뜨기. 남은 바늘은 쉼코로 둡니다.

2단   겉22, 계속해서 독일식 경사뜨기를 합니다.

3단   ds, 겉11

4단   ds, 이전 ds까지 겉, 겉4

5단   ds, 반대편 ds까지 겉, 겉1

6단   ds, 반대편 ds까지 겉, 겉3

7단   ds, 반대편 ds까지 겉, 겉2

8단   ds, 반대편 ds까지 겉, 겉3

9단   ds, 반대편 ds까지 겉, 겉2

10단   ds, 반대편 ds까지 겉, 겉2

11단   ds, 반대편 ds까지 겉, 겉2

12단   ds, 끝까지 겉

13단   전체 겉뜨기

14단   겉33

15단   ds, 끝까지 겉

16단   겉31

17단   ds, 끝까지 겉

18단   겉28

19단   ds, 끝까지 겉

20단   겉25

21단   ds, 끝까지 겉

22단   겉21

23단   ds, 끝까지 겉

24단   겉16

25단   ds, 끝까지 겉

26~27단 전체 겉뜨기. 27단이 끝나고 마커로 표시합니다.

2~27단을 9회 더 반복 후(총 10회) 2~25단을 1회 더 뜹니다.

쉼코로 둔 바늘과 지금 뜨던 바늘을 맞잡고 마무리합니다. 이때, 쉼코로 둔 바늘이 앞쪽, 현재 사용하던 바늘이 뒤쪽에 위치하도록합니다. 영상을 참고해 Bind Off 합니다.

4.5mm 바늘, 블리스로 마무리한 시접부분부터 영상을 참고해 코줍기합니다.
총 110코. 계속해서 원통형으로 진행합니다.
1~7단_ sm, 전체 겉뜨기
실을 둘레의 2배 정도 남겨 자른 후 스트랩을 넣어 감싸 ㄷ자 봉접합니다.